哈佛大学

送给青少年的礼物

哈佛大学培养了8位总统,157位诺贝尔奖金获得者,数以万计的企业精英!

哈佛究竟靠什么打造这些精英的呢?

李慧泉/著

HARVARD UNIVERSITY

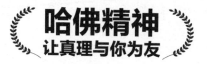

哈佛精神
让真理与你为友

台海出版社

图书在版编目（CIP）数据

哈佛大学送给青少年的礼物 / 李慧泉著. –– 北京：

台海出版社, 2018.9

　　ISBN 978-7-5168-2098-8

　　Ⅰ. ①哈… Ⅱ. ①李… Ⅲ. ①成功心理－青少年读物

Ⅳ. ①B848.4-49

　　中国版本图书馆CIP数据核字（2018）第205524号

哈佛大学送给青少年的礼物

著　　者：李慧泉

责任编辑：武　波　童媛媛　　　　装帧设计：李爱雪
版式设计：阎万霞　　　　　　　　责任印制：蔡　旭

出版发行：台海出版社
地　　址：北京市东城区景山东街20号　邮政编码：100009
电　　话：010－64041652（发行，邮购）
传　　真：010－84045799（总编室）
网　　址：www.taimeng.org.cn/thcbs/default.htm
E－mail：thcbs@126.com

经　　销：全国各地新华书店
印　　刷：北京柯蓝博泰印务有限公司
本书如有破损、缺页、装订错误，请与本社联系调换

开　　本：880mm×1280mm　　　　1/32
字　　数：110千字　　　　　　　印　张：6.5
版　　次：2018年10月第1版　　　印　次：2018年10月第1次印刷
书　　号：ISBN 978-7-5168-2098-8

定　　价：32.00元

前言

　　哈佛大学，这座有着三百多年历史的著名学府，是世界各国莘莘学子神往的圣殿和梦想的天堂。哈佛大学在人们的心中已经成为一个符号。人们渴望走进哈佛大学，当然不仅是因为哈佛大学的名气，更重要的是哈佛人的思想魅力和文化精髓，正如哈佛大学著名教授威廉·詹姆斯所言："真正的哈佛乃是——无形的、内在的、精神的哈佛。"可以说，哈佛是一种品格与精神的传承。

　　百年哈佛，培养出众多杰出而举世公认的科学家、文学家、教育家、哲学家、诗人等。美国独立战争以来，几乎所有的革命先驱都出自于它的门下，它被称作美国政府的思想库，先后诞生了8位美国总统、数十位诺贝尔奖、普利策奖获奖者，他们的一举一动决定着美国的政治走向与经济命脉。它以超越实用性的长远眼光致力于文理融合的"通才教育"，致力于唤起对新思想、新事物的好奇心，鼓励自由探索、自由审视、自由创造，并因此而奠定了它的名望和深厚根基。

细看哈佛，读的是一种氛围、一种传统、一种弥漫着浓厚人文气息的文化底蕴。解读哈佛，留给人的是一种思考、一种激励、一种智慧的启迪。

本书甄选了哈佛教育理念中的思想精髓，众多哈佛校长、教授和著名哈佛学子的经验之谈，以及名人寻常而又非凡的成功经历等，形象而深刻地展现了哈佛的精髓与魅力。无论是涉世未深的青少年，还是经历过世事风雨的成年人，但愿这本书中的某一个故事或者某一句话能改变你的人生，激励你不断前进。

目录

送给青少年的第 3 份礼物：以学习为己任

——求知是人毕生的使命

送给青少年的第 4 份礼物：以勤奋为行动纲领

——成功没有捷径可循

送给青少年的第 5 份礼物：以自立为珍宝

——人生旅程靠你自己走

送给青少年的第 6 份礼物：以平常心面对生活

——苦难是人生的必修课

送给青少年的第 7 份礼物：以自制为准绳

——战胜自己的人才能成功

送给青少年的第 8 份礼物：以自信为伴

——做内心强大的自己

送给青少年的第 9 份礼物：以创新为理念

——收获最有新意的果实

送给青少年的第 10 份礼物：以诚信为冠

——人生财富的隐形源泉

送给青少年的第 1 份礼物：与真理为友

——我爱我师，我更爱真理

哈佛大学（以下简称"哈佛"）的校训是用拉丁文写的，译成中文和英文是"与柏拉图为友，与亚里士多德为友，更要与真理为友（Let Plato be your friend, and Aristotle, but more let your friend be Truth）"。在哈佛大学成立200周年之际，哈佛校训被简化为"让真理与你为友"。它被镌刻在哈佛大学的校徽上面，沿用至今。它也一直被哈佛大学一代又一代继承者奉为金科玉律。

哈佛铜像的启示：不轻信权威

无论是求学者，还是旅游者，到了哈佛大学，必做的一件事就是去瞻仰哈佛大学行政大楼前矗立着的哈佛本人的铜像，并会对这个哈佛大学的创办者表示深深的景仰和思慕。哈佛的铜像上方悬挂美国国旗，整体看来非常英俊有气势。铜像的底部镌刻着三行字："John Harvard（约翰·哈佛），Founder（创始人），1638。"

其实，一直以来很多人都被这个著名的铜像误导了，因为这个铜像上存在着三个错误，因此被戏称为"谎言铜像"。

首先，这个铜像并不是根据哈佛本人的样子塑造的。因为在哈佛大学决定要塑一尊哈佛的铜像之时，由于种种历史的原因，哈佛本人的相貌已不可考了——没有任何画像或者照片留下来。无计可施之下，人们只好在学校里找了一个帅哥冒名顶替，按照他的样子塑了哈佛的铜像，这一点其实已经成了一个公开的秘密。

其次，哈佛也不是学校的创办者。只是在学校成立初年，哈佛捐赠了一笔在当时看来为数不少的钱财。对于一个刚刚成立的学院来说，这笔捐赠无异于雪中送炭。

最后，哈佛学院的创办时间是1636年，而并非如铜像上所刻的1638年。也就是说，这尊著名的哈佛铜像，无论是外形还是文字，没有一处是真实的。在以"求是崇真"为最基本精神的哈佛大学，"真理"与"谎言"竟然如此天衣无缝地融合在一起，校方到底是怎么想的？他们以真理为基准来培养自己的精英，却允许这样的谎言存在，究竟有何道理呢？

对于这个疑点，哈佛校方是这样解释的：

"怀疑的精神和冷静的态度是哈佛人一向秉持的原则，这座'谎言塑像'不断地提醒哈佛人，不要轻信传说中的权威偶像，要努力追求自己坚信的真理，用一种唯美的观点来欣赏这座塑像。通过三个谎言，将真实的事情牢牢地记住。"

其实很多时候，无论是正还是反，重要的往往不是外在的形式或是人们容易看到的一面，挑开表层的东西，知悉其内在的含义，了解其蕴含的初衷，这才是人们应该重视和始终坚持的。

正因为如此，"假"哈佛并不妨碍"真"哈佛应得到的敬意。三百多年过去了，那个"假"哈佛正襟危坐，领受着世界各地游客仰视的目光。

三百年来，哈佛的毕业生们在物质和精神两个层面对塑造美国文化做出了无法估量的贡献。如果没有对真理的热爱，对学术的渴求，对知识的尊重，也就不会有今天的哈佛和今天的美国。

大多数人很相信权威，其实这是个误区，因为权威的并不总是正确的。在很多时候，正是由于轻信权威而束缚了我们的发展。不要轻易相信权威，要相信的应该是自己。只有这样，我们才能有所突破，才能走一条属于自己的路。

哈佛校训：让真理与你为友

哈佛大学的校训是用拉丁文写的，译成中文和英文是"与柏拉图为友，与亚里士多德为友，更要与真理为友（Let Plato be your friend，and Aristotle，but more let your friend be Truth）"。这个校训突出了两点，一是哈佛重视传统，尤其是以柏拉图、亚里士多德为代表的希腊的人文理性的传统，相信在伟大的传统中有永远的智慧，所以在哈佛不大可能出现全盘反传统、全盘反历史的迷狂；二是强调追求真理是最高的原则，无论是世俗的权贵，还是神圣的权威都不能代替真理，都不能折服人们对真理的追求。就是这两个原则的相互作用、相互补充，保证了哈佛能够在一个伟大的谱系中继往开来、传承创造，不断地推陈出新。这就是哈佛的魅力，它永久地激励着一代又一代年轻学子的渴望和梦想。

在哈佛大学成立200周年之际，哈佛校训被简化为"让真理与你为友"。它被镌刻在哈佛大学的校徽上面，沿用至今。它也一直被哈佛大学一代又一代继承者奉为金科玉律。

几百年来，哈佛大学正是在追求真理和勇于开拓的信念鼓舞之下，始终不遗余力地引导学生为理想、为实现人生价值进行不懈的追求和奋斗。也正是在这种生生不息的精神熏陶之下，哈佛大学才得以在美国的名牌大学中始终保持着独一无二的特色，从而造就了一代又一代的社会精英，他们在各个领域中做出了许多影响深远的贡献。

哈佛大学第19任校长昆西曾着重指出："大学最根本的任务就是追求真理，而不是去追随任何派别、时代或局部的利益。"哈佛学子威廉·詹姆斯在1903年开学典礼致辞时说："真正的哈佛是无形的哈佛，藏于那些追求真理、独立而孤隐的（学生）灵魂里……这所学府在理性上最引人称羡的地方，就是孤独的思考者不会感到那样的孤单，反而能得到丰富的滋养。"的确，在哈佛，真理被摆在一个非常重要的位置，求学的过程就是求真的过程，不断地掌握知识、探索世界的过程，就是不断接近真理的过程。

2000年，美国哈佛大学遴选校长，新卸任的总统克林顿和副总统戈尔被提名。但哈佛很快就把这两个人排除在外，理由是克林顿和戈尔可以领导一个大国，但不一定能领导好一所大学，领导一流大学必须要有丰富的学术背景，而克林顿与戈尔都不具备这样的条件。

后来，原任美国财政部长、世界银行首席经济学家、副行长萨默斯被选为新任校长，因为他在经济学研究方面是一流的，是国际知名学者。虽然萨默斯最后被迫辞职，但也完全是由于他个人的原因：他在管理方法和领导作风方面存在问题，导致他与同事的关系紧张并严重影响哈佛的团队精神的发扬，于是哈佛的教授纷纷向萨默斯投下了不信任票。

尽管萨默斯在财经界赫赫有名，但在哈佛大学这个校园里，他不能享有一丝的特权——这是哈佛精神的生动诠释——反对特权、崇尚平等。无论他的身上有多少光环，只要他是哈佛人，就要传承和发扬哈佛精神，如此，学生耳濡目染，才会深受其思想精髓的熏陶。

也正是经过一代又一代哈佛人对于优良传统的秉承和不断努力进取，哈佛追求真理的这样一个最初的思想，最终成为学校的传统精神和培养哈佛精英的重要学术标准与道德标准。

真理成为哈佛大学的核心价值观，它体现了哈佛立校兴学的宗旨——求是崇真；它强调了作为一个高尚的人应该坚持自己认为正确的事情，应该追求真理，坚持原则。这是哈佛的执着，也是所有成功者的执着。对真理的执着更需要丰富的知识，知识使一个人更充实、更崇高，它能影响一个人的内在，帮助开发潜能，让一个人成为真正的胜利者。

英国一位年轻的建筑设计师，很幸运地被邀请参加了温泽市政府大厅的设计。他运用工程力学的知识，根据自己的经验，很巧妙地设计了只用一根柱子支撑大厅天顶的方案。

一年后，市政府请权威人士进行验收时，对他设计的一根支柱提出了异议。他们认为，用一根柱子支撑天花板太危险了，要求他再多加几根柱子。

年轻的设计师十分自信，他说，只要用一根柱子便足以保证大厅的稳固。他详细地通过计算和列举相关实例加以说明，拒绝了工程验收专家们的建议。

他的固执惹恼了市政官员，年轻的设计师险些被送上法庭。在万不得已的情况下，他只好在大厅四周增加了四根柱子。不过，这四根柱子全部都没有接触天花板，其与天花板间相隔了无法察觉的两毫米。

时光如梭，岁月更迭，一晃就是三百年。

三百年的时间里，市政府官员换了一批又一批，市政府大厅坚固如初。

直到20世纪后期，市政府准备修缮大厅的天顶时，才发现了这个秘密。消息传出，世界各国的建筑师和游客慕名前来。最被人们称奇的，是这位建筑师当年刻在中央圆柱顶端的一行字：自信和真理只需要一根支柱。

这位年轻的设计师就是克里斯托·莱伊恩，一个很陌生的名字。今天，能够找到的关于他的资料实在微乎其微了，但在仅存的一点资料中，有一句他当时说过的话："我很相信，至少一百年后，当你们面对这根柱子时，只能哑口无言，甚至瞠目结舌。我要说明的是，你们看到的不是什么奇迹，而是我对真理和科学的一点坚持。"

莱伊恩的这个"秘密"经媒体披露后，立即引起世界各地建筑专家的浓厚兴趣，人们一批批前往参观考察，观赏这四根奇异的柱子，并把这座市政府大厅称作是"嘲笑无知的建筑"，同时戏称莱伊恩是"弄虚作假"的高手。不少游客慕名而来，纷纷在这四根柱子前拍照留念。而当地政府对此也毫不掩饰，还在维修之后特意将大厅作为一个旅游景点对外开放，并向游客介绍大厅的建筑历史及发现其中"秘密"的过程，旨在引导人们坚持真理，崇尚科学。

　　这个其实只有一根柱子支撑的市政府大厅无疑是对无知最无情的讽刺，也是对真理执着追求的见证。年轻的设计师并没有向权威屈服，而是凭借着深厚的知识和经验的积累，创造了这个奇迹，证实了对真理和科学的一点坚持。

　　一个人发现真理很难，在发现真理之后坚持真理更难，尤其是在他人不能够认同的情况下。而一个人要否决谬误也很难，特别在他人都相信那谬误是真理的时候。年轻的设计师凭借着对真理的执着追求，证实了对真理和科学的一点坚持。哈佛长年来形成了一种学术标准，对真理的认真探索无疑是这一标准的核心价值。

　　人，要有自己独立的思想，不要人云亦云，盲从和谬误不会带来幸福，只有坚持真理才能帮助一个人在自己的人生道路上走得更好更远。

打开科学之门的钥匙是独立思考

独立自主不仅意味着行动上的自立，而且意味着思想上的自立，即凡事能独立思考。成绩优异的青少年大多善于思考而且是独立思考。所以，要成为一位优秀的青少年，必须养成独立思考的个性。

最早完成原子核裂变实验的英国著名物理学家卢瑟福，有一天晚上走进实验室，当时时间已经很晚了，他的一个学生仍俯在工作台上。

卢瑟福便问道："这么晚了，你还在干什么呢？"

学生回答说："我在工作。"

"那你白天干什么呢？"

"我也在工作。"

"那么你早上也在工作吗？"

"是的，教授，早上我也在工作。"

于是，卢瑟福提出了一个问题："这样一来，你用什么时间思考呢？"

这个问题提得真好！

拉开历史的帷幕就会发现，古今中外凡是有重大成就的人，在其攀登科学高峰的征途中，都是善于思考而且是独立思考的。

据说爱因斯坦狭义相对论的建立，经过了十年的沉思。他说："学习知识要善于思考、思考、再思考，我就是靠这个学习方法成为科学家的。"达尔文说："我耐心地回想或思考任何悬而未决的问题，甚至连费数年亦在所不惜。"牛顿说："思索，继续不断地思索，以待天曙，渐渐地见得光明，如果说我对世界有些微贡献的话，那不是由于别的，却只是由于我的辛勤耐久的思索所致。"他甚至这样评价思考："我的成功就当归功于精心的思索。"著名昆虫学家柳比歇夫说："没有时间思索的科学家（如果不是短时间，而是一年、两年、三年），那是一个毫无指望的科学家；他如果不能改变自己的日常生活制度，挤出足够的时间去思考，那他最好放弃科学。"

从这些名言中我们不难得出这样一条道理：独立思考是一个人成功的最重要、最基本的心理品质。所以，养成独立思考的品质是成为优秀青少年的必备条件。一位教授强调："要提高你的创造能力，一定要培养自己独立思考、刻苦钻研的良好品质，千万不要人云亦云，读死书，死读书。"

一位学者指出："人们只有在好奇心的引导下，才会去探索被表面所遮盖的事物的本来面貌。"好奇，可以说是创造的基础与动力。牛顿、爱迪生、爱因斯坦等科学家都具有少见的好奇心，而居里夫人的女儿则把好奇称为"学者的第一美德"。

成功人士总是善于在人们熟视无睹的大量重复现象中发现共同规律，特别注意反常现象而有所创造。而漫不经心的人，往往就不怎么注意那些新奇而有用的东西。纵观一切创造性人才，他们几乎都有一个共同的品质，就是敢想、敢干、敢于质疑，遇事都要问一个为什么。

巴尔扎克认为："一切科学之门的钥匙都毫无异议地是问号，我们所有的伟大发现都应该归功于疑问，而生活的智慧大都源自逢事都问个为什么。"所以，青少年需有一个独立思考的头脑，做一个独立自主的青少年。

多想一步，才能多走一步

德谟克利特说过："和自己的心斗争是难堪的，但这种胜利则标志着这是深思熟虑的人。"青少年都有一种不服输的心理，都希望自己在班上能成为焦点，渴望成功，羡慕优秀的人。但是，大多数的人，往往是思想的巨人，行动的矮子，只能看到表面。其实，在优秀与平凡、成功与平庸之间，往往只是一步之遥。而只在这一步之间到达终点的人可谓凤毛麟角。其实，任何事情，我们只需多想一步，就可能在山穷水尽处看到柳暗花明，从而走在别人的前面。

有这么一个故事：

兄弟俩在野外旅行，当夜幕降临时，还没有找到人家居住，只好摸黑前进。爬上一块岩石，哥哥猛地向前走一步，一脚踩空，好在弟弟及时抓住了他。两人推断，这是一个悬崖。正当他们打算往回走时，后面的树林中响起了狼嚎声。两人不敢退后，更不敢前进，便准备在悬崖上过夜。弟弟不死心，向下扔了一块石头，却没有听到一点声音。两人更慌了，因为凭经验判断，这个悬崖至少有几千米深。两个人提心吊胆，唯恐摔下悬崖，在岩石上瑟缩了一夜。终于熬到了天亮，兄弟二人这才发现，他们坐在一块离地面不到半米的岩石上，弟弟向下扔的石头落在了旁边如同海面一般的草地上。

故事中兄弟俩只需多走一步，便可以离开这令人恐怖的石头。可是，他们并没有迈出这关键的一步，以致被困了一个晚上，真是可惜！

事实上，我们的思想有时也会像兄弟俩一样，被困在一块石头上。我们望了无数次月亮，却没有像哥白尼那样考虑到天体运动；我们烧了无数次水，却没有像瓦特那样发明蒸汽机。我们的思想犹豫在"石头"的边缘，却没有多想一步、多走一步。而那想了的、走了的，便走在了我们的前面，成了世人羡慕的成功者。

很多时候，我们每个人只要比别人多想一步，这一步可能会决定一个人一生的道路。多想一步可以锦上添花，让自己走在别人的前面，而少想一步有时也能贻害无穷。

爱迪生发明电灯泡，被誉为照亮了人间的人。其实，爱迪生发明的灯泡，是在试过两千多种材料后才成功的。在他没发明灯泡以前，为什么没有一个人像爱迪生那样多想一步呢？

从物理书上，我们看到牛顿的万有引力定律时，不禁惊叹那是多么简单，任何一个人都能轻易做到，但我们为什么没有做到呢？有人说命运之神眷顾他，那幸运的苹果掉到了他头上才使他有辉煌的成就，但我们从小到大经历了无数场雨，为什么没有人注意并思考呢？

实际上，科学家们发现的很多理论与发明，并不是依靠什么尖端科技，而是存在于我们生活中司空见惯的东西。我们对于任何事物都习以为常，是因为我们从来都考虑眼前，只想一步，而科学家们总是比我们多想一步，所以他们永远走在我们前面。

多想一步，多走一步，你离成功便近一步。成功的大门有两道，你发现它、思考它，比别人多想一步，你便打开了第一道门；你去研究它，比别人多走一步，你便打开了第二道门。最终，你也就获得了成功。所以，要想成功，就要习惯性地比别人多想一步，多走一步。

在沉着思考中找到最佳答案

在现实生活中，我们青少年应该学会沉着思考，冷静地应对一次考试、一次面试、一次演讲……遇事不沉着，凭借自己的一时冲动，往往误了大事，甚至损人害己。

廉颇与蔺相如的故事，相信大家都听过。

在战国时期，秦国常常欺侮赵国。有一次，赵王派一个大臣的手下人蔺相如到秦国去交涉。蔺相如见了秦王，凭着机智和勇敢，给赵国争得了不少面子。秦王见赵国有这样的人才，就不敢再小看赵国了。赵王看蔺相如这么能干，就先封他为大夫，后封为上卿。

赵王这么看重蔺相如，可气坏了赵国的大将军廉颇。他想：我为赵国拼命打仗，难道功劳不如蔺相如吗？蔺相如光凭一张嘴，有什么了不起的本领，地位倒比我还高！他越想越不服气，怒气冲冲地说："我要是碰着蔺相如，要当面给他点儿难堪，看他能把我怎么样！"

廉颇的这些话传到了蔺相如的耳朵里。蔺相如立刻吩咐他手下的人，叫他们以后碰着廉颇手下的人，千万要让着点儿，不要和他们争吵。他自己坐车出门，只要听说廉颇打前面来了，就叫马车夫把车子赶到小巷子里，等廉颇过去了再走。

没过多久，蔺相如外出，远远看到廉颇，蔺相如就掉转车子回避。于是，蔺相如的门客就一起来直言进谏说："我们所以离开亲人来侍奉您，就是仰慕您高尚的节义。如今您与廉颇官位相同，廉老先生口出恶言，而您却害怕躲避他，您怕得也太过分了，平庸的人尚且感到羞耻，何况是身为将相的人呢！我们这些人没出息，请让我们告辞吧！"

于是，蔺相如心平气和地问他们："廉将军跟秦王相比，哪一个厉害呢？"大伙儿说："那当然是秦王厉害。"蔺相如说："对呀！我见了秦王都不怕，难道还怕廉将军吗？要知道，秦国现在不敢来打赵国，就是因为国内文官武将一条心。我们两人好比是两只老虎，两只老虎要是打起架来，不免有一只要受伤，甚至死掉，这就给秦国造成了进攻赵国的好机会。你们想想，国家的利益要紧，还是私人的面子要紧？"

蔺相如手下的人听了这一番话，非常感动，以后看见廉颇手下的人，都小心谨慎，总是让着他们。

不久，蔺相如的这番话，就传到了廉颇的耳朵里。廉颇惭愧极了，他脱掉一只袖子，露着肩膀，背了一根荆条，直奔蔺相如的家。蔺相如连忙出来迎接廉颇。廉颇对着蔺相如跪了下来，双手捧着荆条，请蔺相如鞭打自己。蔺相如把荆条扔在地上，急忙用双手扶起廉颇，给他穿好衣服，拉着他的手请他坐下。

蔺相如和廉颇从此成了很要好的朋友。这两个人一文一武，同心协力为国家办事，秦国因此更不敢欺侮赵国了。

正是蔺相如暂时躲开"惹不起"的廉颇，分析当时的局势，才让他们最后重归友好，并且齐心协力，共同辅佐赵王。

因此，青少年在遇到各种事情的时候，一定要沉着、镇定，不能乱了方寸。凡事只有保持镇定、处变不惊，才能理智地分析问题，找到解决的方法。所以说，对任何事情，学会沉着应对，认真思考，才能找到一份满意的答案，才能抓住健康成长的时机。

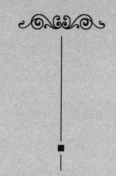

送给青少年的第 2 份礼物：以今日为起点

——计划百次，不如行动一次

每个人都生活在今天，因为昨天已经过去，明天还未到来。因此，怎样把握今天，让今天过得充实而有意义，真的是一个值得思考的问题。遗憾的是，很多人并没有认真地考虑过这个问题，也没有对今天做过什么规划。

　　比尔·盖茨说："凡是将应该做的事拖延而不立刻去做，而想留待将来再做的人总是弱者。凡是有力量、有能耐的人，都会在对一件事情充满兴趣、充满热忱的时候，就立刻迎头去做。"

　　拖延是对生命的挥霍。所以，想要早日登上成功殿堂的人，一定要根除拖延的坏习惯，真正地做到"今日事今日毕"，你会发现成功并不是那么难。

利用零碎的时间来学习

哈佛老师经常这样告诫学生："如果你想在进入社会后，在任何时候、任何场合下都能得心应手并且得到应有的评价，那么你在哈佛学习期间，就没有晒太阳的时间。"在哈佛广为流传的一句格言是"忙完秋收忙秋种，学习，学习，再学习"。

相信很多人都对未来有着各种各样的想法，但是，无论你有怎样的想法，都要切实地努力，而不是一味地梦想。要知道，梦想与现实的差距，取决于你的行动力。如果你不去实行，一切都只是泡影。当若干年后回想起曾经的梦想时，希望你有的是无尽的欣慰笑容，而不是因蹉跎留下的悔恨泪水。

西奥多·帕克是美国家喻户晓的人物，是经历了诸多艰辛才取得了让人瞩目的成就的典范，而他刻苦学习，并最终让他考上哈佛的那种精神，也激励了一代又一代的哈佛学子。

八月的一个午后，在莱克星顿的一个小农场里，西奥多·帕克小心翼翼地向他的父亲请求道："爸爸，明天我想向您告假一天。"西奥多的父亲对儿子这个突如其来的请求感到惊诧不已，谁都知道现在可是农场里最忙的时节啊。儿子少干一天活，就可能会影响农场的整个工作计划。但是，西奥多期盼而坚决的目光让他不忍拒绝，何况西奥多平时可是很少主动提出要休假的。于是，父亲爽快地答应了他的请求。

第二天一大早，西奥多就起床离开了农场。他赶了十英里崎岖不平的山路，匆匆来到哈佛学院。原来，他那天要参加一年一度的新生入学考试。

西奥多差不多从八岁起就没有真正上过学了，只有在农场的工作相对清闲的冬天，他才能抽出三个月的时间认真学习。而在其他的时间，他只能趁耕田或是干别的农活的时候，默默地背诵以前学过的课文，直到倒背如流。平时偶尔休息一两天的时候，他就到处借阅书籍，因此掌握了大量的知识。

有一次，他急需一本拉丁词典，但怎么也借不到。于是，他就在一个夏日的早晨，早早地跑到原野里，采摘了一大筐浆果，然后背到波士顿的集市上去卖，用所得的钱买了一本拉丁词典。

皇天不负有心人，在哈佛的入学考试上，他顺利地完成了所有试题，并第一个交卷。当负责监考的老师听说他是一个连学校都很少去的穷苦少年时，甚是惊奇，于是便抽出他的试卷来看，然后笑容满面地对西奥多说："小伙子，你很快就会接到录取通知书的。"

那天深夜，当西奥多拖着疲惫的身体回到家时，父亲正在院子里等他。"好样的，孩子！"当父亲听说他通过了哈佛大学的入学考试时，高兴地夸奖他道，"可是，西奥多，家里的钱不够供你到哈佛读书啊！"西奥多说："没有关系，爸爸，我依然像往常一样在家自学，不一定非要住到学校里去，只要每次都能顺利通过考试，就可以获得学位证书。"一开始，他的确是这么做的。后来，他长大成人了，便自己积攒了一笔学费，正式到哈佛大学认真学习了两年，最终以优异的成绩毕业。岁月更迭，时光流逝，当年上不起学的小男孩，最终成为了一代风云人物。

有的人天分很好，但一生却无所作为，他们总是想尽一切办法让自己多休息、多享受，从来不想着怎样让自己更前进一步，时间长了，也就落后了。

我们都知道，滴水成河，积少成多，如果能利用零碎的时间来学习，日积月累，最后一定会有不小的收获。

富兰克林说过："干得好，胜于想法好。"只有梦想而没有行动的人，梦想永远只是梦想。如果你渴望成功，如果你不甘平庸，那就及早地从梦中醒来吧。像哈佛的学生那样抓紧分秒的时间学习，并深刻地意识到流连于梦境对你没有任何好处，而及时地醒来捧起书本，你将成就自己的人生。

做喜欢的事，永远都不晚

　　世界上最长的是时间，最短的也是时间。说它长，是因为它永无止境；说它短，是因为它转瞬即逝。很多人觉得时间不够用，觉得自己已经错过了利用时间的好时机，很多事情还没来得及做，时间就已经过去了。因此，他们常常为此感慨，觉得一切都晚，都来不及。但是，他们不知道，有些时候，事情并不像他们所想的那样，很多觉得为时已晚的时候，恰恰正是最早的时候。其实，只要你真的想做，只要你有做事的激情，那么任何时候都不会晚。桑姆那·雷史东（Sumner Redstone）的身上有一种力量，一种决心，一种不因年老而放弃事业的勇气。

　　美国《首映》杂志于2001年4月17日公布了2001年好莱坞权力排行榜，高居排行榜榜首的是维康公司（Viacom）的创建者桑姆那·雷史东。国家娱乐公司是维康公司的母公司，在美国、英国和南非拥有1300家电影院。维康公司已经有不少产品进入中国内地市场，并大受欢迎，其中包括电影史上的经典名片《教父》《阿甘正传》《第六感生死恋》《泰坦尼克号》等。

雷史东曾在哈佛大学拿到法学博士学位，然后在第二次世界大战的时候，又因为破解了敌方密码，成了那场战役中的英雄人物。他完全靠个人奋斗，从一名普通百姓变成全球排名第12的富人。63岁时，他开始建立自己的娱乐王国。2001年，他收购了美国三大广播公司之一的CBS，从而一手打造了世界最大的娱乐公司。

在接受中央电视台记者采访时，雷史东说："我对法律和娱乐业一直很感兴趣。我想，不管你做什么工作，有个积极的态度很重要。要非常努力地工作，要有非常强的信念，同时做事时还要力求完美，要努力做到最好，要有足够获胜的信心。不管你从事哪一行业，这一点非常重要。"

记者问道："您为什么会有勇气，在63岁退休后，还决定着手建立一个庞大的娱乐帝国？"

雷史东幽默地答道："谁说我63岁？我才20岁嘛！实际上年龄并不是很重要的，重要的是你工作的时候对你所做的东西是不是感兴趣，是不是让你活力十足，你对自己是不是有信心，这一点才是关键。"

在雷史东看来，只要你有努力的激情，那么任何时候都不会是为时已晚。

当被问及成功经验时，雷史东说："看准目标，不断进取，就这么简单。我无法想出其他的答案了。"生活中，很多事情都是这样，如果你愿意开始，认清目标，打定主意去做一件事，全力以赴，坚持不懈，那么即使你只有一息尚存，也永远不会晚。

安曼之前是纽约港务局的一名工程师，工作多年后，他按照规定退休了。一开始，他很不习惯，内心觉得很失落。但是很快，他又高兴起来了，因为他突然有了一个不错的想法——创办一家自己的工程公司，然后把办公室扩展到世界各地。

从此，安曼重新忙起来了。他开始一步一个脚印地实施着自己的计划，他负责设计的建筑逐渐遍布世界各个角落。连他自己都没想到，他竟然会在退休后的三十多年里，一步步实践着自己在过去的职业生涯中不曾尝试过的大胆和新奇的设计理念，从而不断地创造着一个又一个令世人瞩目的经典：埃塞俄比亚的斯亚贝巴机场、华盛顿杜勒斯机场、伊朗高速公路系统、宾夕法尼亚州匹兹堡市中心建筑群……这些作品被大学建筑系和工程系教科书当作范例展示给学生们，也是安曼伟大梦想的见证。86岁的时候，他完成了自己毕生的最后一个作品——纽约韦拉扎诺海峡桥，这也是当时世界上最长的悬体公路桥。

在安曼看来，旧的结束等于新的开始。只要你有努力的激情，那么任何时候都不会是为时已晚。

无论什么时候，只要你找到自己的兴趣所在，那么，所有的时间就都是在享受生命。岁月并不催人老，一个人不管年纪多大，都可以干点事情来增加生活的情趣。

人生不只是从呱呱坠地时开始的，无论是少年、青年，还是壮年、暮年，每一个年龄段都有它的美丽和迷人。只要确定一个奋斗目标，并着手去做，就都是一种开始，一种出发，永远也不会太晚。

时间永远不会等人

在哈佛人的心中，时间是最浪费不得的。他们把时间视为人的第一资源，认为没有一种不幸可以与失去时间相比，因此，他们做事从来不拖延。决断好了的事情拖延着不去做，会对我们的人生产生不良的影响。

一位毕业于哈佛的商业巨子在谈到他的成功秘诀时，只说了四个字："现在就做。"的确，很多人习惯于等待，习惯于拖延，习惯于在自己认为合适的时间做事。但是，时间是残酷的，它不会因为你的等待就多陪伴你一会儿，无论你怎样挽留，它也不会停下前进的脚步。记住赛谬尔·斯迈尔斯的话："利用好时间是非常重要的，一天的时间如果不好好规划一下，就会白白浪费掉，就会消失得无影无踪，我们就会一无所成。"

哈佛大学人才学家哈里克曾说："世上有93%的人都因拖延的

恶习而最终一事无成，这都是因为拖延能够杀伤人的积极性。"

哈佛的学生对于时间是极为重视的。他们从一入校起就接受了时间管理的理念，在他们的生活中，无论是学习还是做事，都以效率为先，从不肯让时间白白流走。他们的头脑接受的是这样一种思想：时间对于人类的意义大小，取决于我们怎样合理和充分地利用它。对于智者来说，它是伟大的祝福，它能使智者的生命和精神走向永恒；对于愚者来讲，它是无穷的祸患，给患者留下的是绵绵无尽的悔恨和无可挽回的损失。因此，哈佛人认为，凡是有理想、有大志的人都能很好地把握时间，让时间的效用得到最大限度的发挥。

大卫·洛克菲勒，银行家、企业家，"石油大王"洛克菲勒的孙子。他出生于纽约市，从1939年起他共获得了包括哈佛大学在内的九所大学的博士学位，当过市长秘书，服过兵役，1946年到银行工作，靠自己的勤奋成为出色的银行家。

大卫·洛克菲勒在自己博士论文中明确指出，懒惰才是"最最严重的浪费"，他不允许这种事情发生在自己身上。他对时间有着严格的规划，在某一时间段应该做的事情，会被清楚地标示在他的记事簿上。而且，尤为重要的是，大卫是规规矩矩地按照这张时间表做事的。"有时候我真怀疑这小子是不是有分身术。"他的一位同事说，"一个人怎么可能这么轻松地做这么多事？简直不可思议，也许我也该试试他的法子。"成功者一定要计划好工作和时间，并严格地遵守规划。一个没有明确可行计划、做事走一步看一步的人，就好像一艘没有方向随波逐流的船，它迟早会触礁搁浅。

时间在流逝，在你不经意间从你的面前消失。你若有心抓住，它就能为你服务；如果你对它视而不见，任其流逝，那你最终什么也得不到。

美国前副总统亨利·威尔逊出生在一个贫苦的家庭，当他还在摇篮里牙牙学语的时候，贫穷就已经向他露出了狰狞的面孔。威尔逊在 10 岁的时候就离开了家，在外面当了十一年的学徒工，每年只能接受一个月的学校教育。

但是，即便是在如此艰难的条件下，威尔逊也坚持读书学习。他节省每一个硬币，除了必要的生活开销，剩下的钱都用来买书。他还抓紧一切机会学习，只要有可能，他就能让自己从中学到东西。

就这样，在他 21 岁之前，他已经设法读了 1000 本好书。这对一个农场里的孩子来说，并不是件容易的事。在离开农场之后，他徒步到 100 英里之外的马萨诸塞州的内蒂克去学习皮匠手艺。

在度过了21岁生日后的第一个月，他就带着一队人马进入了人迹罕至的大森林，在那里采伐圆木。威尔逊每天都是在天际的第一抹曙光出现之前起床，然后就一直辛勤地工作到星星出来为止。

无论身处怎样艰苦的环境，威尔逊都一直告诉自己，不让任何一个发展自我、提升自我的机会溜走。的确，很少有人能像他一样深刻地理解闲暇时光的价值。他像抓住黄金一样紧紧地抓住了零星的时间，不让一分一秒的时间无所作为地从指缝间白白溜走，最终取得了辉煌的成就。

时间在流逝，所以我们每个人都要把握住拥有的每一分钟。我们要在有限的时间内，做出有效率的事情。我们要不断学习，不断锻炼，让自己的能力再提高一步；我们要感到时间的紧迫和生命的短暂，要让每一分每一秒都过得有价值。记住哈佛的教诲：时间不会等着你，只有珍惜时间的人才能处处都占据主动。

今天的事今天就做完

富兰克林曾说："把握今日，等于拥有两倍的明日。"莎士比亚也说过："在时间的大钟上，只有两个字——'现在'。"所以，无论是谁，都应该永远珍惜眼前的一分一秒，认真着眼于现在，因为没有现在，也就没有未来。

我们要珍惜今天，把握今天，就要珍惜每分每秒。组成时间的材料虽然看起来微小，但是却都有着各自不同的意义。要知道，这些看起来微不足道的时间可以成全你的想法，也可能毁了你的计划甚至理想。

恺撒大将由于接到报告后没有立刻去阅读，拖延了片刻，最终丧失了自己的性命。当时，曲仑登的司令雷尔叫人送信向恺撒报告华盛顿已经率领军队渡过特拉华河。但当信使把信送到恺撒手中时，他正在和朋友们玩牌，于是就把那封信放在自己的衣袋里，说等牌玩完之后再阅读也不迟。这个"不迟"就是他死亡的先行兵，当他读完信之后，深知大事不妙，但等他去召集军队的时候，一切都已经来不及了。正是这片刻的延迟，导致全军被俘，以至连自己的性命都丧失在敌人的手中。正是这数分钟的延迟，使他失去了荣誉和生命。

珍惜眼前的分分秒秒最重要的就是不要去看远方模糊的事，而是做手边清楚的事。瑞士著名教育家裴斯泰洛齐说："今天应做的事没有做，明天再早也是耽误了。"我们都知道"今日事今日毕"，但是，现实生活中能真正做到这点的人却是少之又少。很多人都在有意或无意地将本该当天完成的事拖到第二天。到了第二天，发现要做的事又增加了不少，于是又将其中的一部分事情拖到了第三天。这样以此类推，发现手头总有做不完的事，于是心烦气躁，却也无可奈何。他们抱怨自己的时间不够用，却不知道是自己的拖延造成了事情越积越多的结果。不断地拖延，让他们在奔往理想的路上逐渐后退，最终也无法到达它的身边。而如果抓紧当下的时间，抓紧今天有效的时间做好想做的事，那成功的到来也就指日可待了。

安乐尼·吉娜是纽约百老汇中颇负盛名的青年演员之一，说起她的成名之路，主要得益于她的及时行动。几年前，吉娜还只是大学艺术团的一名普通的歌剧演员。可是那时她就向人们展示了自己美丽的梦想：毕业后先不急着找工作，而是去欧洲游历一年，然后成为百老汇舞台上优秀的女主角。吉娜的心理学老师听说她这个想法后，第二天就找到她，向她提出了一个尖锐的问题："你游历一年后去百老汇跟毕业后直接去有什么区别？"吉娜认真想了想老师的疑问，豁然开朗："是呀，赴欧旅游并不能帮我争取到去百老汇工作的机会。"于是，吉娜说她会在一个月以后去百老汇闯荡。这时，老师继续追问道："那你现在去跟一个月以后去又有什么不同呢？"吉娜说自己需要好好准备一下再出发。老师却步步紧逼："你需要的所有生活用品都能在百老汇买到，为什么非要等一切准备就绪再出发呢？那些事情你完全可以到百老汇再准备啊。"

最后，吉娜说："好，我明天就去。"老师赞许地点点头，说："我马上帮你订明天的机票。"第二天，吉娜如期飞赴纽约百老汇。凑巧当时，百老汇的一位知名制片人正在酝酿一部经典剧目，来自世界各国的几百名演员纷纷前去应征女主角。

吉娜费尽周折地从一个化妆师手里提前拿到了剧本。之后的两天，吉娜闭门苦读，悄悄演练。初试那天，吉娜果然以精心的准备脱颖而出，顺利地进入了百老汇，穿上了她演艺生涯中的第一双红舞鞋。

在哈佛的理念中，时间是最公正的，它不会因你财富充裕而多给你一分，也不会因你物质匮乏而少给你一秒。对此，英国生物学家赫胥黎曾说："时间最不偏私，给任何人都是二十四小时；时间也最偏私，给任何人都不是二十四小时。"

大多数成功者都知道这样一句话："拖延等于死亡。"美国商人阿莫斯·劳伦斯说："整个事情成功的秘诀在于形成立即行动的好习惯，这样才会让自己站在时代潮流的前列。而另一些人的习惯是一直拖延，直到时代超越了他们，结果他们就被甩到后面去了。"

在世界上那些最容易做的事情中，拖延时间最不费力。拖延是对生命的挥霍，解决拖拉的唯一良方就是"今日事今日毕"。当你开始着手做事——任何事，你就会惊讶地发现，自己的处境正迅速地改变。

充分利用每分钟做事

著名作家叶圣陶说过："培育能力的事必须继续不断地去做，又必须随时改善学习方法，提高学习效率，才会成功。"

抓住做事的每一分钟，就是要充分利用时间，提高工作效率，发挥每一分钟的价值，而不是仅仅抓住了时间，时间掌握了，但效率没有提上去。

一个渴望成功却屡屡受挫的年轻人向著名教育学家班杰明求教，两个人约好了见面的时间和地点。等到那个年轻人如约而至时，发现班杰明的房门早已经敞开，可是里面的景象却完全不是他想象中干净、整洁的样子，反而是乱七八糟、一片狼藉。

不等年轻人开口，班杰明就招呼道："你看看我的房间，真是太不整洁了，请在门外稍等一分钟，我收拾一下，你再进来吧。"一边说着，一边轻轻地关上了房门。

　　一分钟时间还有过完，班杰明重新打开了房门，并热情地将年轻人引到客厅。这时，映入年轻人的眼帘的是另一种景象——房间内的一切已变得井井有条，茶几上有两杯刚刚倒好的红酒，在淡淡的香气里轻轻漾着微波。然而，没等年轻人把自己满腹的有关人生和事业的疑问抛出来，班杰明就非常客气地拿起酒杯说道："干完这杯酒，你就可以走了。"

　　年轻人手持酒杯一下子愣住了，他尴尬而又遗憾地说："可是，我还没向您请教呢……""难道我做的这些示范……还不够吗？"班杰明一边微笑着扫视自己的房间，一边轻言细语地对他说道，"自你进来，时间又过去了一分钟了。""一分钟……一分钟……"年轻人若有所思地说，"我明白了，一分钟可以做很多事情，也可以改变很多事情。谢谢您。"班杰明放心地笑了。年轻人把杯里的红酒一饮而尽，开心地离开了。

　　做事要提高效率，对于青少年来说学习也是如此。抓住每一分钟学习不如抓住学习的每一分钟。清醒时不玩，糊涂时不学。青少年应该抓住课堂上45分钟，尽可能地提高学习效率。学生们的学习的确很紧张，但也要有时间放松，必须分清主次和场合，把学习用到该用的时间和地方上去，上课时紧紧跟随老师的思路，老师在课堂上讲的都是精华部分，一定要注意力高度集中，思想不能开小差。稍不留神，精彩的部分就会讲过去。如果课后再问同学，远不如随着老师的思路记忆牢固、印象深刻。

所以青少年应该记住：学要拼命地学，玩才能尽情地玩。否则学不好，玩不痛快，时间花了不少，最后还得不偿失。

送给青少年的第 3 份礼物：以学习为己任

——求知是人毕生的使命

"书山有路勤为径，学海无涯苦作舟。"在很多人看来，学习是一件苦事。家长在教育孩子时，也往往会强调，"吃得苦中苦，方为人上人"。然而，孔子却说："知之者不如好之者，好之者不如乐之者。"

　　美国知名教育学者丹尼斯·乔登博士，曾经写过一本书叫《学并快乐着》。书中阐述道："其实学习并不像人们想象的那么可怕，也并不是一个枯燥无味的过程。"他提倡学习需要一种儿童般的"天真无邪"的感觉。只要融入学习，谁都会找到快乐。

学习从不缺时间，而是缺努力

在哈佛，你是看不到偷懒投机的人的。哈佛的教授告诉学生说："生命的意义不仅仅是活着，而是要为这个世界做出些什么，留下些什么。"他们认为，要想有所成就，你就要勤奋，就要努力。学习这件事也一样，不是缺乏时间，而是缺乏努力。很多人会说："我是真的想学习，但我真的没时间。"其实，真的想学习，真的想有所成就，时间根本不是问题，问题在于你是否为自己的想法付出了努力。

不管你怎样强调时间的不够用，真正的决定要素都是你的努力程度。谈到努力，哈佛教授弗雷德·施韦德是这样说的："任何人都要经过努力才会有收获。收获的成果取决于你努力的程度，别总是幻想机缘巧合这样的事发生。天分、才能、富有、智慧的获得，都是靠勤勉得来的。勤勉才能体现你的思想，才能助你达到目标，才能实现你的理想。"

基辛格出生在德国菲尔特一个书香门第的家庭，父亲是一位中学教师。20世纪30年代，希特勒纳粹分子疯狂地虐杀犹太人。15岁那年，基辛格随家人流亡到美国。20岁时他参加了美国陆军，在战场上迅速地成长起来。由于他会讲一口流利的德语，加之他的才华，在部队中他很快得到赏识和提拔。

退伍之后，基辛格并不感到满足，他很想回国去接受第一流的教育。于是他便进入了哈佛大学。

在哈佛大学，他遇到了威廉·扬德尔·艾略特。威廉·扬德尔·艾略特在政府学系是一位泰斗式的人物。基辛格第一次见艾略特教授时也很紧张，他怀着崇敬的心情走进艾略特的办公室。艾略特正在奋笔疾书，见到进来的又是一个本科生，颇为不耐烦，很不情愿地停住笔，给青年基辛格开了一长列书名，共有25本，让他回去细读，再写一篇读书报告，分析比较一下德国哲学家康德的两部专著《纯理性批判》和《现实理性批判》有何不同。艾略特让基辛格完成读书报告之前不要再来找他。第一次见面，教授三言两语就把学生给打发了。

基辛格并不气馁，他从图书馆借回那批厚书后便一本一本认真地看了起来，每天都熬到凌晨两点。三个月后，基辛格完成了读书报告，一大早将报告送到了艾略特的办公室。当天下午基辛格便接到艾略特打到学生宿舍的电话。老教授对基辛格大为赞赏，说是从来没有学生读完过这25本书，更没有人写过这样条理清楚的读书报告。从此之后，艾略特便将基辛格视为最得意的弟子，精心栽培。

在哈佛，基辛格深知自己既非名门出身，又无多少家产，要想谋求发展，唯一的方法就是用知识来充实自己。所以他在哈佛时是一个"两耳不闻窗外事，一心只读圣贤书"的学生。基辛格读书时几乎门门优秀，毕业论文不仅篇幅长，内容也广得惊人，从哲学家康德、黑格尔谈到历史学家斯本戈尔，再到诗人但丁、荷马和密尔顿。于是哈佛赶紧颁布了一条校规，将本科毕业生论文的篇幅限制在130页左右。

基辛格对于学习的全身心的投入，终于使他成为美国著名的政治学家，一度成为美国对外政策方面最有话语权的人物，以及美国政府中的第二号最有权势的人物。

要学习，就要努力。努力的表现形式有很多，最主要的是坚持不懈。但是，千万不能以为只要坚持了、付出了一定的时间就代表努力了，这里还有一个如何坚持的问题。用心坚持才是真正的努力，如果只是机械地付出，觉得只要在什么时间做了什么事就可以了，而不管真正达到的效果如何，那么这种坚持是无谓的坚持，是自欺欺人，是绝对不可取的。常常听到很多人说，要努力学习，要努力做事。因此，无论什么时候看见他，都会发现他在埋头苦学、苦干，时间用了不少，但效果并不理想，这是为什么呢？很大的一个原因就在于没有用心。我们的努力不仅要体现在表面行动上，更要体现在心里。

任何成功都不是很轻易就能获得的。它需要不断地努力，需要艰辛地拼搏。如果你贪图安逸，不愿为之付出，那你迟早会为此付出代价。反之，如果你能克服重重阻碍，不断向前，那你就能得到成功的垂青。

保持终身学习的习惯

"祈祷，然后去学习。"这是哈佛大学第二任校长邓斯特时常挂在嘴边的一句话。

我们都希望自己的人生多姿多彩，但是，不管你的生活内容怎样丰富，有一点你不能忘记，那就是学习。也许你会觉得这个话题很老套，但事实就是如此。虽然学习并不是人生的全部，但没有学习，你的生活将是一片空白。如果你连学习都无法征服，那你也真的无法让自己的人生更精彩。而保持学习的习惯可以让我们的生活更充实，更有意义。

其实，学习应该是贯穿生命始终的事。即使它不是我们人生的全部，但我们的确离不开它。没有了学习，我们也就无法感知周遭的变化，无法与时代共前进。伟大的生理学家巴甫洛夫成就斐然，当人们赞叹他的聪颖和智慧时，他说："从一开始工作，就得在积聚知识方面养成严格的循序渐进的习惯。"

要知道，每个人的手里都掌握着使自己获得幸福和伟大的工具，要想让自己更幸福、更伟大，最主要的就在于改变能力，而改变能力的关键在于学习。也就是说，学习是使命运得到改变的重要方法。

值得一提的是，在哈佛的理念中，是没有"毕业"这一说法的。很多哈佛人都认为，学习是时代的第一选择。对此，柯比在《学习力》中说："形式上的学习生活虽然终结了，但你一辈子都还是学生。不到生命和世界告别时，你真正的学习生活是不会结束的，也不应该结束。"

哈佛第二十七任校长萨默斯也曾提到，在知识更加实用化的今天，学生面临着很多的挑战，因此，他们应该保持持续和广泛学习的习惯。

有一个知识折旧定律告诉我们，一年不学习，你所拥有的全部知识就会折旧80%。今天的知识，已经不是呈算术基数增长，也不是呈几何基数、指数基数增长了，而是像原子裂变般爆炸式的增长，所以更要坚持不断地学习。

当然，学习不是娱乐，不是放松，它是一个单调、辛苦的过程。在学习中，你需要顽强的毅力来克服其中遇到的困难，需要抵御外界的诱惑来静心投入。这对你来说也许是个考验，但正如我们前面所说，学习时的痛苦是暂时的，相比它带给你的回报而言，这点痛苦真的不算什么。况且，如果你想让自己的生活有所改变，想让自己再前进一步，那就毫无选择地需要学习。

汽车大王福特年少时，曾在一家机械商店当店员，周薪只有2.05美元，但他每周都要花2.03美元来买机械方面的书。当他结婚时，除了一大堆五花八门的机械杂志和书籍，其他值钱的东西一样也没有。就是这些书籍，使福特向他向往已久的机械世界迈进，开创出一番大事业。功成名就之后，福特曾说道："对年轻人而言，学到将来赚钱所必需的知识与技能，远比蓄财来得重要。"

你现在拥有什么并不重要，你的学习能力、学习态度才是重要的。在哈佛，我们不得不承认这里的学习氛围相当浓厚。学生们为了学习可以废寝忘食，可以忘掉一切。在他们眼中，学到了一定的知识和技能是最大的幸福，而那种当时认为的枯燥无味都会随着学习的成效而消解。

在竞争激励的今天，每个人都感觉到了一种危机、一种紧迫，很多人在这种重压之下，丧失了曾有的激情，越来越感到力不从心。他们以为这是自己的年龄变大的缘故，而事实并非如此。罗曼·罗兰曾说："成年人慢慢被时代淘汰的最大原因不是年龄的增长，而是学习热忱的减退。"但尽管如此，我们也不能回避现实。我们说要想让自己更好地生存，就要不断地学习。用学习来充实自己，用知识来武装自己，只有这样，才能在激烈的生存竞争中，找到自己的立足之地并让自己站得更稳。而如果连学习都无法征服，那就与废人无二了。

知识和技能是唯一可以随身携带、终身享用不尽的资产。如果你连最基础的知识都掌握不了，你靠什么去掌控你的命运呢？

采取自己喜欢的学习方式

生活常识告诉我们，如果一个人长时间做自己不喜欢做的事，往往会感到压抑和不快，甚至会越来越讨厌所做的事。相反，如果是做自己喜欢的事，则不仅会在当时感觉愉快、舒心，而且还会越来越喜欢。

学习也是如此，如果我们能在学校里用自己喜欢的方式学习，那么不但可以在学习期间有愉快的心情，而且还可能对学习产生浓厚的兴趣，越来越喜欢学习。

当前，知识更新的速度日渐加快，时代对我们提出越来越严格、越来越多样化的学习要求。今日学习的成败，不仅取决于是否勤奋、刻苦、耐力以及花费的时间和精力的多少，更取决于能不能找到适合我们自己的快乐学习法。

哈佛优等生、美国第一位诺贝尔化学奖得主理查兹说过：

"最有价值的知识，是关于学习方法的知识。"就像有些运动员一样，他们不一定完全按照书里要求的"正确姿势"来做动作，而是利用最适合自己的姿势去锻炼，最后反而获得了冠军。我们的学习也是一样的，如果你只知道循规蹈矩、按部就班地照着那些所谓的"最好的"方法来学习，效果反而可能会比较差。

用自己喜欢的方法学习，是提高学习能力的重要环节。几十位哈佛大学毕业的著名人士都认为，学习时最重要的，就是用自己最喜欢的方法去学。法国著名生理学家贝尔纳也深有感触地说："适合我的方法能使我发挥天赋与才能，而不适合我的方法则可能阻碍我才能的发挥。"由此可见，用自己最喜欢的学习方法可以使学生在知识的密林中，成为手持猎枪的猎人，获得有效的进攻能力和选择猎物的余地。

不知你有没有这种感觉，当你试图采用自己不喜欢的学习方法学习时，你就好像是在逆风中行走，非常不自在。有些同学会因此而逃离课堂，更多的同学会感到十分疲倦，还有些同学甚至会觉得自己是个笨拙的学习者。

一旦你知道了自己最喜欢的学习方法并运用它时，你学习的过程就像在顺风行走，非常顺利和惬意。运用你最喜欢的学习方法学习会提高你的脑力，使学习的过程变得非常轻松，效率也会大幅提高。

我们在实际学习中也有所体验，有些同学喜欢独自一个人阅读，有些同学则在群体中会学得更好；有些同学喜欢坐在椅子上学习，有些同学则喜欢躺在床上或地板上学习。有些同学喜欢在比较自由的情形下学习，他们不喜欢墨守成规，需要多一些自由选择的机会，如自己决定学什么、从哪儿开始学等。另一些同学则喜欢在按部就班的情形下学习，他们需要老师或家长告诉他们每一步该怎么做。

在这些学习方法中，哪一个才是最好的呢？

答案不是绝对的，只要是你喜欢、你适应，就是最好的。学习是个人行为，必须采取自己最喜欢的方法。

因此，我们平时要善于利用自己最喜欢的方法进行学习，如果你喜欢看电影或看电视，那就从影像资料中学习；如果你喜欢看报纸或杂志，那就从阅读中学习。

不过，你必须牢记一条：一定要将这种办法和自己所学的课程有机地联系起来。

最后，给大家一些建议：

1.不要盲目去追求那些所谓的"快速学习法"或"超级学习法"。其实，最重要的学习技巧，就是善于利用自己最喜欢的模式。

2.只有利用自己感觉最合适、自己觉得最有兴趣的方法去学习，才能把自己从学习中真正"解放"出来，从而极大地提高学习效率。

低头学习才能进步

青少年的成长过程是不断学习的过程，而虚心向他人学习更是青少年成才的必要途径。美国有项统计发现，一半以上的诺贝尔奖获得者，都曾经跟随名师学习过，而且跟随高明老师学习的人比跟随一般老师的人获奖时间平均提前七年。

著名科学家汤姆逊在《麦克斯韦》一书中说："要逐步地跟随一个伟大的研究家，沿着不仅由他自己发现的，也沿着由他引起别人发现的道路走下去，那就容易多了。"生物学家汉斯·克雷布斯在获得诺贝尔奖之后也回忆道："如果扪心自问，我怎么会有朝一日来到斯德哥尔摩的，我毫不怀疑我之所以有这个幸运的机会得归功于我在科学生涯的关键阶段里有过一位杰出的老师——奥托·沃伯格树立了一个第一流研究的方法和质量的榜样。如果没有他的话，我可以肯定，我永远不会达到作为诺贝尔奖金委员会考虑的前提的标准。"

"名师出高徒"的现象到处可见。我国数学家熊庆来——华罗庚——陈景润即为一例；卡文迪什实验室中，均获得诺贝尔奖的雷利——汤姆森——拉瑟福德——博尔师徒四代又是典型的一例。但是要寻得高师，不仅要仰慕和尊重自己的老师，还要取得老师的信任和赞赏，否则，师生不能同道，苦寻也是无望。虚心向老师求教，重点不应是学习老师的知识，而是学习老师的治学之道、思维方式，特别是其解决问题的方法。当然，学习并非死守教条，墨守成规，更不是丝毫不差，绝无二致。而是要在继承的前提下走创新之路，做到"青出于蓝而胜于蓝"。

除向名师学习外，向同辈人学习也是青少年增长知识的一个途径。同辈人的成功，往往可以对自己形成一种压力。如果能正确对待，见贤思齐，就可从中获得一种激励，从而奋起直追，促使自己成功。

被誉为世界"短篇小说之王"的法国著名作家莫泊桑，在看到与他同时代的俄国著名作家列夫·托尔斯泰的《伊凡·伊里奇之死》后，感慨万分地对朋友说："我发现我的一切活动都毫无意义，我那十卷书也完全算不了什么。"正是莫泊桑这种谦虚谨慎、见贤思齐的态度，使他在文学上获得了极大成功。

　　见贤思齐，也意味着同辈人的相互理解、相互支持、相互帮助。达尔文在环球考察之后，投入了写作《物种起源》的紧张工作。但当他写到第十章时，收到远在马来群岛的华莱士的一篇论文。该论文不谋而合地提出了"自然选择"的观点，这不能不使达尔文大为震惊。可此时达尔文想到的不是对方可能捷足先登，成为进化论的创始人，而是满怀喜悦，希望优先发表华莱士的论文。后经一些学者劝告，他才决定与华莱士同时发表论文。

　　见贤思齐的大敌是嫉妒和猜疑。黑格尔认为，嫉妒是"平等的情调对于卓越才能的反感"；"有嫉妒心的人，自己不能完成伟大的事业，于是就尽量去低估他人的伟大，贬抑他人的伟大性使之与他人相齐"。

　　可见，嫉妒心使人无法见贤思齐，更不可能激励人们去增长才干，反而把有限的精力用于议论和诋毁别人，于人于己均是有百害而无一利，所以我们青少年要有一颗谦虚的心，向他人学习。

教育程度越高，收入越丰厚

俗话说，知识改变命运。当前我们已经进入知识型社会，无论从哪个角度说，知识都能给你带来好处，收入就是最明显的表现。持有高等学位者更易身兼要职、在某个领域作出杰出贡献。

哈佛大学是美国最古老、最著名的大学。哈佛大学创建三百多年以来，为美国以及世界培养了无数的政治家、科学家、作家、学者。迄今为止，有8位美国总统出自哈佛，分别是约翰·亚当斯、约翰·昆西·亚当斯、拉瑟福德·海斯、西奥多·罗斯福、富兰克林·罗斯福、约翰·肯尼迪、乔治·沃克·布什和贝拉克·侯赛因·奥巴马。哈佛出身的著名人文学家、作家、历史学家有亨利·亚当斯、约翰·帕索斯、拉多夫·爱默生、亨利·梭罗、亨利·詹姆斯。心理学家威廉·詹姆斯，新闻记者沃特·李普曼和约瑟夫·艾尔索普等也出自哈佛。著名天文学家本杰明·皮尔斯、化学家西奥多·理查兹、地质学家纳萨尼尔·谢勒等也出自哈佛。已有数十位哈佛毕业生获得了诺贝尔科学奖金。亨利·基辛格不算在内，因为他获得的是诺贝尔和平奖金，记入在政府官员的史册。美国前总统里根的内阁成员中，国防部长温伯格、财政部长里甘、交通部长刘易斯，都是哈佛大学的毕业生。世界首富比尔·盖茨也曾在哈佛读书。曾任美国总统的乔治·布什、副总统戈尔，菲律宾总统阿罗约等都曾有在哈佛大学求学的经历。

据资料显示，全美500家最大财团中，有2/3的决策者来自哈佛。美国《幸福》杂志的调查显示，美国500家最大公司的高层管理人员中，光毕业于哈佛商学院的就有20%左右。这些精英活跃在各大公司的总裁、总经理、董事长等显赫位置上。不少人将哈佛商学院的MBA证书，看作是进入企业高级管理阶层的通行证。哈佛商学院是美国培养企业人才的最著名的学府，被美国人称为是商人、主管、总经理的西点军校，美国许多大企业家和政治家都在这里学习过。哈佛工商管理硕士学成了权力与金钱的象征，在今天，报读哈佛MBA，已成为当代青年精英所追求的梦想。

哈佛商学院是一个制造"职业老板"的"工厂"，哈佛的

MBA人人都疯狂地关心企业的成长和利润，他们有着极强的追求成功的冲动，他们是商业活动中的职业杀手。MBA的平均年薪可达10万美元以上，以致美国人指责MBA的第一条缺点就是他们的身价太高。

据联邦普查局公布的最新调查报告表明，成人收入的差距反映了学历的高低，持有高等学位者的收入要比没有高中文凭的人高出4倍。

数据显示，18岁或以上的成年人，持有硕士或博士学位的人，平均年收入为79946美元，而没有完成高中教育的人，年收入仅19915美元。还有资料表明，去年美国持有学士学位者的平均年收入54689美元，高中毕业者的年收入仅29448美元。

在世界上，受教育程度与收入成正比的趋势也越来越明显。比如在新西兰，受教育程度越高的人，个人收入越丰厚；个人年薪4万美元以上即被称为中产阶级或中上水平收入。目前，全国平均周薪的数额为税前660美元。如果没有正式中学学历，93.3%的人的年薪会少于4万美元。与此相比，在具有学士或硕士学历的人群中，只有51.4%的人年薪少于4万美元，而高达48.6%的人年薪超过这一数字。

简而言之，在新西兰若有较高学历，通常都有较高的收入和职业满足感，以及较高的就业机会。尤其在当今世界由传统型经济走向知识型经济的时代，这种趋势更加明显。

犹太人的富有和智慧举世闻名，这与他们重视教育有着极其密切的关系。对于教育，犹太人的重视程度可以说是全世界第一。在那里，哪怕是最贫穷的家庭也会尽力使子女受到尽可能多的教育。一项统计数据表明，美国犹太人人口中受过高等教育的人所占的比例是整个美国社会平均水平的5倍。也可以说，犹太人的富有程度与他们的教育程度是成正比的。在福布斯美国富豪榜的排名上，犹太人占了很大的比例，比如微软公司的总裁兼首席执行官巴尔默是哈佛大学理学士、斯坦福商学院工商行政管理硕士，个人资产高达250亿美元。

哈佛精英的事例告诉我们：决定好工作、好收入的因素固然有很多，但受教育程度绝对是不可忽视的。

送给青少年的第 4 份礼物：以勤奋为行动纲领

——成功没有捷径可循

无论一个人的悟性如何，学习以勤才可能有所成就。至于智商一般的人，则更需要以勤补拙。俗话说，笨鸟先飞早入林。早动手，勤动手，将自己的先天不足用勤补回来。

　　勤是成功之本。勤能补拙，只要不故步自封，将心态归零，勤奋能使人克服一切困难，成就一番事业。缺少了勤奋，即使再优越的物质条件，也很难使人有所成就。所以成大事者应当具有勤奋好学的习惯，以此提高自己的判断、分析能力，为成大事打下基础。

狗一样地学，绅士一样地玩

哈佛有句名言："狗一样地学，绅士一样地玩。"这是提倡学生们该做事的时候就要全力以赴、尽心尽力，把每一分每一秒都充分利用，力求高效。而当事情做完时，就要给自己放个假，轻松一下，去做些自己喜欢的事，让自己的身心得到完全的放松和愉悦。

进入了哈佛绝不是进入了"天堂"，相反，倒似进入了"地狱"。在哈佛校园里，学生的学习压力是非常大的，竞争的激烈近乎残酷，简直就是向自身极限能力的挑战。作为哈佛浓缩的HBS（哈佛商学院）在这一点上表现得尤为突出。

HBS的学制为两年，第一学年的课程极重，有11门课程，校方要求每个学生至少有10个"良"。拿到8个以上"及格"或"不及格"的学生被称为"触网"。"触网"的学生能否升入二年级，要经学生成绩委员会根据学生本人的请求、教授的评价、"触网"的客观因素来决定。其中一小部分将获准升学，而另一部分则被迫退学，但可以保留重新申请入学的权利。尽管每年只有5%左右的人"触网"，可因"触网"而被迫退学的威胁是始终存在的。何况评分的范围不是整个年级，而是按照固定的百分比在班上分配，这就给所有学生制造出了时时刻刻都存在的挑战。为了迎接这一挑战，很多学生每天要学习13～18个小时，凌晨一两点钟睡觉，早上八点半还得上课，简直连气都喘不过来。

哈佛商学院的案例教学法是一个不断向学生施加压力的学习机制。学院对学生成绩的评分，有一半取决于课上发言，另一半则视考试成绩而定，极少有书面作业。所以每个学生都非常重视上课前的预习和课堂上的发言。

预习对哈佛商学院的学生而言相当重要，因为它关系到第二天或下一次课堂上发言的质量。第二天一早，他们就得带着头一天经过自己独立思考所得的行动方案去上课。

教授在讲课之前总要环视一遍教室，他是在挑选最先发言的学生。这时的教室会明显有一种让人感到恐怖的气氛，如果你被教授提名，却没有进行充分的预习而不得不"Pass"的话，就犯了哈佛商学院的"大忌"。

因为按照记分规则，如果你选择"Pass"的话，成绩就会自动拉下一档；"Pass"两次之后就可能拿不到学分；三次以上的"Pass"，不但拿不到学分，而且还会受到校方"行为不良"的警告，严重的甚至会被勒令退学。

在哈佛，虽然学习强度很大，学生们承受着很大的学习压力，但他们也不提倡学生把所有的时间都用来学习。他们认为，学要尽力，玩也不能忽视。哈佛的学生也说，哈佛的课余生活要胜过正规学习。而哈佛也意识到适度的课外活动不但不会背离教育使命，而且还会给教育使命以支持。因此，他们提出要像"绅士一样地玩"。

在哈佛，学生们除了紧张地学习，还会参加学校组织的多种艺术活动，比如音乐会、戏剧演出、舞蹈表演及各种艺术展览等。此外，哈佛每年还会举办艺术节，以活跃学生的业余生活。这些充满着浓厚艺术氛围的活动不仅让学生接受了艺术教育和熏陶，而且提高了学生的艺术修养和审美能力。

很多人都有这样一种误解，认为努力就是要利用一切时间来拼。于是，生活在他们眼里，就是不间断地工作、学习，所有的时间都被占得满满的。但是，效果却不一定理想，自己也被弄得疲惫不堪。

其实，珍惜时间并不意味着不停地工作或放弃休息，而是要有效率地做事，并能很好地利用休息和空余的时间，这样，我们才能更好地工作，工作的效果才能更好。要知道，时间的价值就像金钱的价值一样，它是体现在如何使用上的。我们常常看到很多物质丰厚的人不舍得为自己花费分毫，这样的人就是个守财奴，纵使有亿万家财也是形同乌有。同样，在时间的利用上，舍不得花费时间去获取更多的幸福、去使更多的人幸福的人，从某种程度上说，也是虚度年华。

有这样一则寓言：有三条毛毛虫经过长途跋涉，最后来到对岸的目的地。当它们爬上河堤准备过河到开满鲜花的对面去的时候，一条毛毛虫说："我们必须先找桥，然后从桥上爬过去。"另一条说："我们还是造一条船，从水上漂过去。"最后那条说："我们走了那么远的路，已经疲惫不堪了，应该静下来先休息两天。"

听了这话，另外两条毛毛虫很诧异："休息，简直是天大的笑话！没看到对岸花丛中的蜜快被采光了吗？我们一路风风火火，马不停蹄，难道是来这儿睡觉的？"话未说完，一条毛毛虫已开始爬树，准备摘一片树叶做船。另一条则爬上河堤的一条小路去寻找一座过河的桥，而剩下的一条则爬上最高的一棵树，找了片叶子躺下来美美地睡着了。

一觉醒来，睡觉的毛毛虫发现自己变成了一只美丽的蝴蝶，翅膀扇动了几下就轻松过了河。此时，一起来的两个伙伴，一条累死在路上，另一条则被河水送进了大海。

人们常说："会休息才会更好地工作。"事实的确如此，人们做任何事情都需要讲究劳逸结合，有张有弛。该努力时拼命努力，该休息时尽情放松。这样才是聪明的做法。

所以，我们做事的时候就要全力以赴、尽心尽力，把每一分每一秒都充分地利用，力求高效。而当事情做完时，就要给自己放个假，轻松一下，去做些自己喜欢的事，让自己的身心得到完全的放松和愉悦。

这样，看似没有把所有的时间都用来工作，但是，这样做的效果要比你花费全部时间来工作要好得多。况且，你也不得不承认，很多时候，你的精力也不允许你不停歇地工作。与其效率低下地空耗，不如适当地放松。因为，如果我们勉强自己去做事，那么既对自己不利，也不会给工作带来益处。相反，如果我们能花一些时间来放松和休闲，就会使我们获得力量，能让我们更好地去实现自己的目标。

人们做任何事情都需要劳逸结合、有张有弛，只有该努力时拼命努力，该休息时尽情放松，才是聪明的做法。

好运不是靠坐等而降临的

哈佛的一位教授曾经告诉学生们说："人不能坐等好运的降临，谁有目标现实可行并且身体力行，梦想才能变成现实。"

天底下哪儿有不劳而获的东西？唯有肯付出血汗与时间者，才能享受成功的果实。

在哈佛，你是看不到偷懒投机的人的。他们认为，要想有所成就，就必须勤奋、努力。

曾任美国劳工部长的赵小兰一向以智慧和勤奋见长，当插班进入三年级时，她一个英文单词也不会。她只好每天把黑板上的所有内容抄下来，到了晚上，再由工作了一天的父亲把所有内容译成中文，让她明白课程的内容；同时，父亲还从ABC开始为她补英语。所以每天晚餐之后，赵家极少开电视，母亲陪着孩子一起读书，父亲则处理公务。

哈佛大学的商学院是世界闻名的，其研究所的MBA硕士学位尤其难念，能跨进大门的学生，全都是各个大学的顶尖毕业生。而即使考进以后，竞争也十分激烈，不用功很容易就会被淘汰。赵小兰大学毕业后，虽然获有斯坦福、沃顿商学院、芝加哥大学等名校的入学许可，但她仍渴望进入哈佛。可是父母都不是哈佛校友，而女生被录取的比例也只有5%，实在是难上加难。然而在1977年4月15日，赵小兰仍从数以千计的竞争者中脱颖而出。那年商学院的企管硕士班共录取了756人，分成9组，每组84人。赵小兰说学校分组的目的，是想让学生对学校产生忠诚感——即使毕业很久的学生，也不会忘记自己是哪一年哪一组的。

赵小兰回忆在哈佛的两年研究生学习的时光时说："那可真是时时刻刻战战兢兢，教室如战场，老师上课没有教科书，也不讲课，每天布置三项课题给大家，每一项课题都是描述一个有问题的公司。学生的功课就是去了解问题、分析问题，想办法解决问题、提出建议。在这种教学方式下，如果学生没有充分地准备，是不敢走进教室的，因为一旦被教授指名，就必须一一回答。"赵小兰永远不会忘记，那时上课，每天从早上八点到下午两点半，下课后要立即到图书馆去找资料。因为每项课题都必须花上两到三个小时才能组织起来，而每天的三项课题经常让她奋战到凌晨一点，全部准备好后才能入睡。因为第二天走进教室时，面对的是铁面无私的教授，虽不严刑拷打，但教授那锐利的目光射到任何人身上都会让人感到战战兢兢。

商学院的课程，每天只有6个小时，但准备起来，至少需要10个小时。所有的课程都相当复杂。哈佛训练学生，就是要让他们在混乱中把问题整理出来，有条有理地归纳演绎，并通过讨论寻求解决的途径。哈佛商学院的教授最注重"临场表现"，学生25%到50%的成绩，决定于讨论课题时的参与度。因为教授认为有效率的企业家及生意人，需要有方法与人沟通。赵小兰说在哈佛的两年学习生活既惶恐又兴奋，她几乎连睡觉都在想那些解不开的课题。那种严格的训练，使她对问题的探讨更深、更广，尤其是更周密。她在班上的参与讨论成绩优异，教授当然对她也就另眼相看了，在诸多的鼓励之下，她更不能放松片刻。

赵小兰认为在哈佛的几年受益最多，哈佛的教授非常优秀，他们有时既是教授又是公司顾问，理论与实际经验都很丰富，组合能力更强。哈佛大学两年的历练，使她成为一个处事能力更为干练的女性，也进一步培养了她的领导才能。在人才荟萃竞争激烈的哈佛，赵小兰仍然保持着极其优异的成绩。毕业典礼时，她被学校选派为全体毕业生游园的领队及班长。这是一项极高的荣誉，赵小兰也是哈佛大学有史以来，第一位获此殊荣的东方女学生。赵小兰带着这份荣誉和信心，走出校门进入了社会，哈佛的金色年华孕育了赵小兰的辉煌人生。

凭着她锲而不舍的精神，赵小兰从一个不认识ABC的小女孩成长为哈佛硕士，最后成为美国历史上的首位华裔内阁成员、劳工部长。熟悉赵小兰的人说，她最令人佩服的品质就是刻苦。

勤奋工作之所以能使人到达成功的彼岸，是因为其中包含着坚韧与顽强，也意味着自信与勇气。这其实都是很普通的道理，但若把它们组合起来，并付诸实践，通向成功之门的金钥匙就被找到了。

勤奋是成功的铺路石

勤奋，是成功的秘诀，也是成功的铺路石。勤奋好学可以使我们不断开阔视野，丰富知识，提升素养，把未知变为已知，让自己由入门达到专业。成功不是偶然的，而是勤奋付出的结果。

美国的前总统罗斯福小时候曾经是一个胆小怯弱的人，课堂上的他总是不由自主地显露出一种惶恐不安的表情。听他呼吸就好像喘大气一样。如果被老师喊起来背诵课文，他当即就会双腿发抖，嘴唇颤动不已，呼吸就像喘大气一样，并且回答问题的时候总是含含糊糊，吞吞吐吐，让别人根本搞不清楚他到底在说什么。

稍微懂点儿童心理学的人都知道，这样的孩子内心非常敏感，常常回避同学间的集体活动，也不喜欢交朋友，长期以往，只会成为一个自艾自怜的人！所以，但罗斯福意识到自己这方面的缺陷后，他没有因为同伴对他的嘲笑而失去勇气，更没有退缩，而是积极改变自己的这种性格缺陷。他知道自己喘气的习惯已经变成了一种坚定的嘶声，可他硬是用自己坚强的意志，咬紧牙床使嘴唇不颤动以克服恐惧。罗斯福清楚自己身体上的种种缺陷。他从来不自我欺骗，盲目认定自己是勇敢、强大或优秀的。他发誓要用实际行动来证明自己可以克服先天的障碍。

于是，凡是他能克服的缺点他便尽力克服，他不能克服的缺点他便加以利用。他害怕当众发言，偏偏用演讲来锻炼自己的胆量。通过演讲，他学会了利用假声来掩饰自己那无人不知的暴牙，以及以往并不挺拔的体态。尽管他的演讲词中并没有什么过人之处，但他并不为自己的声音和姿态而气馁。

皇天不负有心人，由于罗斯福没有在缺陷面前退缩和消沉，而是充分、全面地认识自己的缺陷并正确地加以改进，从而在顽强的抗争中战胜了自我，最终成为当时最有力量的演说家之一。

唐纳德·托马斯·里甘，美国马萨诸塞州人。他曾在美国股票市场上如鱼得水，在华尔街翻云覆雨。在下属眼中，他是一位让人畏而远之的"暴君"；在金融界里，他是一个财雄势大的人物。他从华尔街大亨变为美国财政部长，政治上的成功又使他的事业如虎添翼。然而实际上，里甘出生在一个贫穷的家庭，要不是凭借他自身的才学获得了奖学金，他就不会有去哈佛深造的机会。他自小便身处逆境，但他知道如何在逆境中抗争，如何不屈从于命运的安排。他发愤图强，自励自勉，排除了前进路上的一切障碍，白手起家，终于在他的人生道路上确定了自己的人生坐标。

很多成功的人并不一定比别人更聪明，更有天分，但他们一定比别人更勤奋，更有恒心和毅力。正是因为他们有了这些良好的习惯，他们才能不断地获得更多的知识，变得更有毅力，更执着于梦想和目标。失败的人并不一定比别人愚蠢，但是他们往往优柔寡断，不思进取，缺少信心和毅力，正是因为这些坏习惯，阻碍了他们迈向成功和幸福的脚步。

成功的人，未必都很完美，也未必都很快乐，但他们有项特质是常人所没有的，就是勤奋。正像奥里森·马登所说的："如果你有才能，勤奋可以锦上添花；如果你没有才能，勤奋可以弥补不足。"

勤奋一日，可得一夜安眠

勤奋是到达成功彼岸的最近通道，蕴含着坚定信心和坚强意志。三天打鱼，两天晒网，永远不可能到达成功彼岸，虎头蛇尾的勤奋也是徒劳的。

在哈佛，学生们时刻在提醒自己，奋斗之心的第一个敌人是懈怠。所以，他们也不会让自己止步，而是时刻提醒自己去不断地奋进。在他们的头脑中存有这样的想法：只有满足于眼前成就的人才会停滞不前，而奋斗者总是感到不足。

哈佛经理学院的院长约翰·麦克阿瑟曾对学生说："哈佛学院的成功不是因为学生在学校里学到了什么，而是因为学生毕业后有多大的作为；哈佛毕业生成功的原因，不在于来学校镀金，而在于他们自己的勤奋努力。学生来哈佛之前就已经走在成功的道路上了，造就他们的不是学校而是学生自己。"

懒汉们常常抱怨自己竟然没有能力让自己和家人衣食无忧，而勤奋的人则常常说："我也许没有什么特别的才能，但我能够拼命干活以挣取面包。"这两者间的区别就在于是否拥有勤奋的习惯。

世界上有很多人都埋怨自己的命不好，别人总是容易成功，而自己却一点成就都没有。其实，他们不知道，失败的原因正是他们自己。比如他们不肯在工作上付出全部心思和智力，比如他们做起事来没有使全身的力量集中起来……

一位可怜的失业者，为人忠厚，渴望工作，却总是被抛弃在工作的门外。尽管他曾经努力地去尝试，但结果依然是失败。如此看来，他为何会这样呢？

回顾以前的工作经历他才发现，尽管他曾经做过许多事情，但总是觉得负担太重而逃避，无法养成勤奋的习惯。他渴望过上一种安逸的生活，所以在他看来，无所事事是人生最大的乐趣。年轻的时候没有珍惜机会，现在他终于如愿以偿、梦想成真，可以无所事事地生活了，但是这个他原本渴望的美好生活，现在却变成了一枚苦果。

勤奋如同耕种一片贫瘠的土地，最初必然是费力多而收获少，但只有付出汗水，才有好收成。很多人心里都明白这一道理，然而行动上却总是放松自己，他们一心想成就大业，却因为不能克服懒惰的习惯，缺乏对自己的严格要求，因而逐渐丧失了发展机会，注定失败一生。而那些从小就养成勤奋努力、积极行动习惯的人，才会最终走向成功。

贪图安逸使人堕落，萎靡不振令人退化，只有勤奋工作才是最高尚的，才能给人带来真正的幸福和乐趣。所以我们必须养成勤奋的习惯，积极行动起来，这样才能让自己的生活质量更高，让自己的人生价值得到更完美的体现。

懒惰像磨盘似的把生活中美好的、光明的一切和生活中幻想所赋予的一切，都碾成枯燥的音调和刺鼻的尘烟，使人死气沉沉、懒懒散散，很难焕发激情、鼓起干劲。

有位年轻人曾经说："我要写出一篇可以轰动社会的小说来。"当时，他的确有一股火热的激情，于是沉醉于此，一口气写了五万多字，并颇为自信地拿给朋友看。朋友觉得他的文字语言技巧很好，但是故事构架平平淡淡，情节也有些不伦不类，不但不能产生轰动效应，甚至连一般的杂志也难以接受。但朋友仍以极大的热情鼓励他，希望他打乱现有结构，重新设计故事中的某些细节。他却好似泄了气的皮球一样瘪了，不想重新构思。他把这篇小说投了两家杂志均被退回。从此，他对写小说不再有强烈的兴趣，自信心也消失了。自那以后他虽然也有过几次冲动，开过几篇小说的头，但至今没有结果。后来，他便放弃了文学之路。

以文学基础及创造条件而论，他完全有可能在文学创作上有所成就，但可悲之处在于缺乏耐性，缺乏坚忍的意志，松懈情绪窒息了他的创造才能。

勤奋的努力如同一杯浓茶，比成功的美酒更予人有益。一个人，如果毕生能坚持勤奋努力，本身就是一种了不起的成功，它使一个人精神上焕发出来的光彩，绝非胸前的一些奖章所能比拟。

人生是一座可以采掘开拓的金矿，但因为人们的勤奋程度不同，给予人们的回报也不相同。

送给青少年的第 5 份礼物：以自立为珍宝

——人生旅程靠你自己走

自立就是掉进坑里后，依靠自己的力量勇敢地爬出来；自立就是摔倒后，依靠自己的力量重新站起来；自立就是遇到困难时，想办法依靠自己的力量解决；自立就是遇到挑战时，自己勇敢地反击……独立性是一个人非常重要的心理品质，对人一生的发展和成才起着极为重要的作用。

　　自助者天助之，人要靠自己去奋斗，靠自己去成功。善于驾驭自我命运的人，是最强大的人，也是最幸福的人。做自我的主宰，你就能做命运的主人。

父母无法安排你的将来

一位记者有幸采访到比尔·盖茨的父亲老盖茨，下面就是那次采访的一段记录：

记者："中国有句俗话说，'有其父必有其子'，您儿子继承了您哪方面的素质？"

老盖茨："首先我想说的是，比尔有个很好的母亲，所以更为完整地说不仅是有其父必有其子，而且也是有其母必有其子。我不能肯定地说这孩子哪些方面遗传他妈妈，哪些方面来自我。在他很小的时候，他就是一个个性很独立的人，他自己决定做什么，自己选择书读，自己随意写些东西。年纪很小时，他就很成熟。我觉得，他的价值观绝大多数都来自他对社会的观察和思考。"

记者："您儿子最令您骄傲的地方是什么？"

老盖茨："比尔是个很自信的人。他明白事理，洞察力强，工作很拼命，而且他有很好的判断力。我对所有这些都感到很高兴。还有一点是，他很幽默。他喜欢笑，也常逗别人笑，我非常欣赏这一点。"

记者："在您儿子的成长岁月中，您最常给他的忠告是什么？"

老盖茨："实际上，他小的时候我们并没有花很多时间去教导他。像其他父母一样，我们只是不停地让他做事规矩些，把衣服放好，把牙刷了，等等。说实话，我还真想不出什么时候给过他正式的建议和忠告。总的说来，是他本人造就了他自己。"

记者："您对您儿子还有什么更大的希望？"

老盖茨："在这个时候，我希望他能找到一种方式，过轻松一点的生活。他的工作和生活一直都很紧张，目前他仍忙于管理他的业务。我只希望他能早日轻松下来。"

……

从记者与老盖茨的这段对话中我们可以看出，小时候的比尔·盖茨是一个个性独立、有着很强的洞察力、善于对社会观察和思考的人，是一个自信、懂事、爱学习，对什么事情都有独立见解的人。

老盖茨夫妇在比尔·盖茨青少年时期，像普通父母那样，引导、教育自己的儿子在生活中应该有规矩、有规律，对其余的事情干涉并不多，没有强调或者逼迫儿子必须要干什么、干成什么，而是选择尊重他的选择，包括他从著名的哈佛大学最热门的法律专业退学。

如果当时老盖茨为儿子做选择的话，他根本不会把儿子设计成"软件帝国的帝王"，也不会把儿子设计成能影响世界大部分人生活的人，因为那时的世界上还没有这样的人。并且，在他的想象力所及范围之内，他还不敢把儿子想成世界首富。

中国有一句名言，"青出于蓝而胜于蓝"，这是天下父母都渴望子女做到的，都希望他们比父辈强。有这样期望的父母，就必须要懂得这样的道理。自己是"蓝"，要想让子女成为"青"，"蓝"就不要什么事情都要帮助"青"做选择或做决定，否则就会不但没有培养"青"思考和判断的能力，更扼杀了"青"分析问题、解决问题的习惯。一个人一旦丧失了思考、判断、分析和解决问题的能力，即使"青"出于"蓝"，也不会成为真正的"青"。

父母有再大的本事，只能安排我们一时的生活，无法安排我们一世的生活。在这个世界上，能真正对自己负责、买单的人，只有我们自己。因为，只有我们自己才真正知道自己在哪里，要去哪里，能去哪里。哈佛大学里流行一句话："别按照父母的期待生活，要干自己喜欢的事情。"这句话和老盖茨说的"说实话，我还真想不出什么时候给过他正式的建议和忠告。总的说来，是他本人造就了他自己"这句话是吻合的。

只有我们才能造就真正的自己，也只有我们能拯救不如意的自己。不要把经营人生的权利交到别人手里，因为没有人能给我们安排一个满意的将来，除了我们自己。

这就要求我们，不论面对什么样的父母，都要培养自己思考、判断、做选择和做决定的习惯；不论在什么样的环境下，都不能扼杀自己的责任意识和解决问题的意识。相信只要我们努力培养自己在做人、做事上独立的能力，最后定能成大事，一切都会因为我们的改变而改变的。

告别依赖心理才有独立人格

　　成长是一种自立，也是一种独立。独立行走，使人超脱出了动物界而成为万物之灵。当你跨进成长之门的时候，你就开始具备了一定的独立意识，但对别人尤其是父母的依赖常常困扰着自己。依赖，是心理断乳期的最大障碍。随着身心的发展，你一方面比以前拥有了更多的自由度，另一方面也担负起比以前更多的责任。面对那些责任，有些人感到胆怯，无法跨越依赖别人的心理障碍。依赖别人，意味着放弃对自我的主宰，这样往往不能形成自己独立的人格。

　　有一个家喻户晓的民间故事，说的是一对夫妇晚年得子，十分高兴，把儿子视为掌上明珠，捧在手上怕飞，含在口里怕化，什么事都不让他干，以致儿子长大以后连基本的生活也不能自理。一天，夫妇要出远门，怕儿子饿死，于是想了一个办法，烙了一张大饼，套在儿子的脖子上，告诉他想吃时就咬一口。等他们回到家里时，儿子已经饿死了。原来他只知道吃脖子前面的饼，不知道把后面的饼转过来吃。

这个故事讥讽得未免有些刻薄，但现实生活中类似的现象也不能说没有。特别是如今大多数孩子都是独生子女，爸爸妈妈、爷爷奶奶、外公外婆都视之为宝贝，孩子的日常生活严重依赖亲人，造成长大以后生活自理能力比较差。

曾有个学生获得了出国留学的机会，但该生一想到出国后没人给他洗衣，没人照顾他的生活，就感到恐惧，最后只好放弃出国。很多学生长期由家长整理生活用品和学习用具，在生活和学习上离开父母就束手无策，只有少数学生偶尔做些简单的家务，这种情况实在堪忧。目前独生子女教育如果不抓紧抓好，有些孩子很可能会养成依赖他人的习惯甚至形成依赖型人格，从小的方面讲会影响其个人的前途，从大的方面讲则会影响一代人的发展。

如果一个人在遇到问题时自己不愿动脑筋，人云亦云，或者赶时髦，盲目从众，那么他就会失去自我，失去本应属于自己撑起一片天空的大好机会。

在学校里，我们时常能看到几个学生凑成一帮娱乐嬉戏的情景，这其中一定有一两个"灵魂"人物，他们的依赖性较小，而其他几个学生的依赖性较强。依赖性强的学生喜欢和独立性强的同学交朋友，希望在他们那里找到依靠，找到寄托。另外，依赖性强的孩子喜欢让老师给予细心指导，时时提出要求；否则，他们就会像断线的风筝，没有着落。在家里，他们一切都听父母的，甚至连穿什么衣服都没有主见。一旦失去了可以依赖的人，他们常常不知所措。

依赖心理主要表现为缺乏信心，放弃对自己大脑的支配权，没有主见；总觉得自己能力不足，甘愿置身于从属地位；总认为个人难以独立，时常祈求他人的帮助；处事优柔寡断，遇事希望父母或师长为自己做决定。具有依赖性格的学生，如果得不到及时纠正，发展下去有可能形成依赖型人格障碍。依赖性过强的人需要独立时，可能对正常的生活、工作都感到很吃力，内心缺乏安全感，时常感到恐惧、焦虑、担心，很容易产生焦虑和抑郁等情绪反应，影响心身健康。

那么，人为什么会在对别人的依赖中迷失自己呢？这是因为依赖的产生同父母过分照顾或过分专制有关。对子女过度保护的家长，一切为子女代劳，给予子女的都是现成的东西，致使子女难以掌握解决问题、矛盾的方式方法，自然时时处处依靠父母。对子女过度专制的家长一味否定孩子的思想，时间一长，孩子容易形成"父母对，自己错"的思维模式，走上社会也觉得"别人对，自己错"。这两种教育方式都剥夺了子女独立思考、独立行动、增长能力、增长经验的机会，妨碍了子女独立性的发展。

要克服依赖心理，可从以下几个方面出招：

1. 要充分认识到依赖心理的危害

要纠正平时养成的依赖习惯，提高自己的动手能力，多向独立性强的人学习，不要什么事情都指望别人，遇到问题要做出属于自己的选择和判断，加强自主性和创造性。学会独立地思考问题，因为独立的人格要求独立的思维能力。

2. 要在生活中树立行动的勇气，恢复自信心

自己能做的事一定要自己做，自己没做过的事要锻炼做，正确地评价自己。

3. 丰富自己的生活内容，培养独立的生活能力

在学校里主动要求担任一些班级工作，以增强主人翁意识，使自己有机会去面对问题，能够独立地拿主意、想办法，增强自己独立的信心。

4. 多向独立性强的人学习

多与独立性较强的人交往，观察他们是如何独立处理自己的一些问题的。同伴良好的榜样作用可以激发我们的独立意识，改掉"依赖"这一不良性格。

求人永远不如求己

自立自强是打开成功之门的钥匙，也是成长力的源泉。力量是每一个志存高远者的目标，而模仿和依靠他人只会导致懦弱与屈服。力量是自发的，不能依赖他人。坐在健身房里让别人替我们练习，是无法增强我们自己的肌肉的力量的。没有什么比依靠他人的习惯更能破坏独立自主的能力。如果你依靠他人，你将永远坚强不起来，也不会有独创力。做人，一定要独立自主。

小仲马自幼喜爱写作，但是在最开始阶段，他的稿子总是会被编辑无情地退回。他的父亲大仲马得知后，便好心地对小仲马说："如果你能在寄稿时，随稿给编辑先生们附上一封短信，说'我是大仲马的儿子'，或许情况就会好多了。"小仲马说："不，我不想坐在你肩头上摘苹果，那样摘来的苹果没有味道。"

年轻的小仲马不但拒绝以父亲的盛名做自己事业的敲门砖，

而且不露声色地给自己取了十几个其他姓氏的笔名，以避免那些编辑先生们把他和大名鼎鼎的大仲马联系起来。

面对一张张退稿笺，小仲马没有沮丧，仍在不露声色地坚持创作自己的作品。他的长篇小说《茶花女》寄出后，终于以其绝妙的构思和精彩的文笔震撼了一位资深编辑。这位知名编辑曾和大仲马有着多年的书信往来，他看到寄稿人的地址同大仲马的丝毫不差，怀疑是大仲马另取的笔名，但作品的风格却和大仲马的迥然不同。带着这种兴奋和疑问，他乘车造访了大仲马家。

令他吃惊的是，《茶花女》这部伟大作品的作者竟是大仲马名不见经传的儿子小仲马。"您为何不在稿子上署上您的真实姓名呢？"老编辑疑惑地问小仲马。小仲马说："我只想拥有真实的高度。"老编辑因此对小仲马的独立自强赞叹不已。

《茶花女》出版后，法国文坛书评家一致认为这部作品的价值大大超越了大仲马的代表作《基督山伯爵》。小仲马一时声名鹊起。

倘若小仲马一开始就依赖父亲，或许不会取得如此大的成就。一个人适当依靠父母亲，乃是成长的必需，但如果事事依赖、时时依赖，丧失了进取的积极性，过着"衣来伸手，饭来张口"的生活，那就是严重的缺点了。

有依赖心理的人，遇事首先想到别人、追随别人、求助别人，人云亦云、亦步亦趋，不敢相信自己，也不能自己决断。在家中依赖父母，在外面依赖朋友、老师；不敢自己创造，不敢表现自己，害怕独立。这样的人人格不成熟、不健全，仍然停留在童稚阶段。

有依赖心理的人，很难独立地做成事情，当然也就谈不上操纵和把握自己的命运，他的命运只能被别人操纵。只有在他具有利用价值时，人家才会利用他。如果他的利用价值消失了，或者已经被利用过了，人家就会把他抛开，让他靠边站。只因为有依赖心的人太软弱无能，他们心目中只能相信别人，不敢相信自己，更没有自信能胜于他人。

《周易》中说："天行健，君子以自强不息；地势坤，君子以厚德载物。"自强是什么？是奋发向上、锐意进取，是对美好未来的无限憧憬和不懈追求。自强者的精神之所以可贵，就是因为他依靠的是自己的顽强拼搏而非其他人的荫庇提携；就是因为他要甩开别人的搀扶，自己的路自己去走！

靠别人安身立命是没有出息的。常言道："庭院里练不出千里马，花盆里长不出万年松。"安逸的生活谁都向往，但困难却是人生不可避免的内容，人们常说，有苦才有乐。经过自己的努力得来的一切，虽然其中可能饱经风霜，但是奋斗过程中所获得的对人生的感悟，以及奋斗后面对自己的哪怕一点点的收获，都会让我们获得极大的成就感。

俗话说，"天上下雨地上滑，自己跌倒自己爬"。锻炼意志和力量，需要的是像小仲马那样的自助自立精神，而不是来自他人的影响力，更不能依赖他人。

漫漫人生路要靠自己去走，有一首《自立立人歌》说得好："滴自己的汗，吃自己的饭，自己的事自己干。靠人、靠天、靠祖上，不算是好汉。"要做一个好汉，要靠自己的双腿走出人生之路，要靠自己的双手创造出美好的新生活，切不可靠他人来为自己造福。须明白，靠自己最好。

做生活的主角，凭力量前行

松下电器创始人松下幸之助曾经说过这样一段话："狮子故意把自己的小狮子推到深谷，让它从危险中挣扎求生，这个气魄太大了。虽然这种作风太严格，然而在这种严格的考验之下，小狮子在以后的生命过程中才不会泄气。在一次又一次地跌落山涧之后，它拼命地、认真地、一步步地爬起来。它自己从深谷爬起来的时候，才会体会到'不依靠别人，凭自己的力量前进'的可贵。狮子的雄壮，便是这样养成的。"

美国石油家族的老洛克菲勒，有一次带他的小孙子爬梯子玩，可当小孙子爬到不高不矮（不至于摔伤）的高度时，他原本扶着孙子的双手立即松开了，于是小孙子就滚了下来。这不是洛克菲勒的失手，更不是他在恶作剧，而是要小孙子的幼小心灵感受到做什么事都要靠自己，就是连亲爷爷的帮助有时也是靠不住的。

人，要靠自己活着，而且必须靠自己活着，在人生的不同阶段，尽力达到理应达到的自立水平，拥有与之相适应的自立精神。这是当代人立足社会的根本基础，也是形成自身"生存支援系统"的基石，因为缺乏独立自主个性和自立能力的人，连自己都管不了，还能谈发展成功吗？即使你的家庭环境所提供的"先赋地位"高于常人，你也必得先降到"凡尘大地"，从头爬起，以平生之力练就自立自行的能力。因为不管怎样，你终将独自步入社会，参与竞争，你会遭遇到远比学习生活要复杂得多的生存环境，随时都可能出现或面对你无法预料的难题与处境。你不可能随时动用你的"生存支援系统"，而是必须得靠顽强的自立精神克服困难，坚持前进！

因此，我们要做生活的主角，要做生活的编导，而不要让自己成为生活的观众。

善于驾驭自我命运的人，是最幸福的人。在生活道路上，必须善于做出抉择，不要总是让别人推着走，不要总是听凭他人摆布，而要勇于驾驭自己的命运，调控自己的情感，做自我的主宰，做命运的主人。

要驾驭命运，从近处说，要自主地选择学校，选择书本，选择朋友，选择服饰；从远处看，则要不被种种因素制约，自主地选择自己的事业、爱情和崇高的精神追求。

你的一切成功，一切造就，完全取决于你自己。

你应该掌握前进的方向，把握住目标，让目标似灯塔在高远处闪光；你得独立思考，独抒己见；你得有自己的主见，懂得自己解决自己的问题。你的品格、你的作为，就是你自己的产物。

的确，人若失去自己，是天下最大的不幸；而失去自主，则是人生最大的陷阱。赤橙黄绿青蓝紫，你应该有自己的一方天地和特有的色彩。相信自己、创造自己，永远比证明自己重要得多。你要在多变的世界面前，打出自己的牌，勇敢地亮出你自己。你应该果断地、毫无顾忌地向世人宣告并展示你的能力、你的风采、你的气度、你的才智。

自主的人，能傲立于世，能力压群雄，能开拓自己的天地，得到他人的认同。勇于驾驭自己的命运，学会控制自己，规范自己的情感，善于布局好自己的精力，自主地对待求学、择业、择友，这是成功的要义。

告别"毛毛虫效应"

法国心理学家约翰·法布尔做过一个实验:

把许多毛毛虫放在花盆的边缘上,使它们首尾相接围成一圈,并在不远处撒了毛毛虫最喜欢吃的松叶。结果,没有一只毛毛虫去吃松叶,它们一个跟着一个,绕着花盆一圈圈地走,最终精疲力竭而死。原来,毛毛虫习惯"跟随",只要前面有同伴,就会一直跟着走。

法布尔在总结此次实验的时候,曾经写下这样一句话:"在那么多的毛毛虫里,倘若有一只不盲从,它们就能够改变命运,告别死亡。"

毛毛虫的失误在于失去了自己的判断,只知道盲目跟从同伴,从而进入了一个循环的怪圈。这种因为跟随而导致失败的现象被心理学家称为"毛毛虫效应"。

很多人可能都会忍不住嘲笑那些毛毛虫的愚蠢，但在很多时候，我们又何尝不是如此呢？每个人的人生都是独一无二的，要靠我们自己去走，然而像毛毛虫那样盲目地跟从别人或者被习惯左右的事情，却每天都在上演着。

爱默生有一句名言："模仿等于自杀。"像毛毛虫一样盲目地跟在别人后面，不但会令人养成惰性，还会麻痹人的创造能力，进而影响人潜能的发挥。

众所周知，清朝著名书法家郑板桥以自己雅俗共赏的"六分半体"而享有盛誉，被世人列为"扬州八怪"之一。其实他刚开始名气很小，虽然能临摹古代著名书法家的各类书体，甚至可以达到以假乱真的地步，但名声依然不为人所知。他百思不得其解，但幸运的是，妻子偶然的一句话让他犹如醍醐灌顶，豁然开朗。

一个夏天的晚上，郑板桥与妻子在院中乘凉。他习惯性地用手指在自己的大腿上写起字来，不知不觉，就写到了妻子身上去。妻子有些生气地说道："你有你的身体，我有我的身体，为何不写自己的体，要写他人的体？"

郑板桥猛然醒悟，心想："是啊！任何人都有自己的身体，写字也一样，各有各的字体。就算写得与他人一模一样，也只是他人的字体，根本没有自己独特的风格。"此后，他就开始吸取各家之长，融会贯通，最后形成了自己的风格，终成一代书画大家。

在漫长的人生旅途中，倘若我们看不清自己的方向，总跟在他人后面走，最终只能造成碌碌无为的徒劳结局。只有依靠自己的力量，才能闯出人生的一片天，才能一分耕耘就有一分收获。

送给青少年的第 6 份礼物：以平常心面对生活

——苦难是人生的必修课

每个人都可能承受痛苦，但痛苦带给人的结果是完全不同的。有的人从中获取了坚强，最终获得了新生；有的人一蹶不振，最终被痛苦压垮。哈佛教授泰勒本·沙哈尔认为，痛苦是我们的人生经验，会让我们从中学到很多。人生的成长和飞跃，经常发生在你觉得非常痛苦的时刻，经历痛苦也是一种财富。因此，我们就不必再害怕它。从容地面对，是战胜它的最好方法。正如哈佛教授这样告诉学生："对痛苦的不同态度，导致了不一样的人生。痛苦不是什么可怕的事，关键在于你的态度。"

接受事实是克服不幸的第一步

古罗马哲学家塞内加说过："只要持续地努力，不懈地奋斗，就没有征服不了的东西。"生活不总是公平的，就像大自然中，鸟吃虫子，对虫子来说是不公平的一样，生活中总会有些力量是阻力，不断地打击和折磨我们。

但我们承认生活是不平等的这一客观事实，并不意味着消极处世，正因为我们接受了这个事实，我们才能放平心态，找到属于自己的人生定位。命运中总是充满了不可捉摸的变数，如果它给我们带来了快乐，当然是很好的，我们也很容易接受，但事情往往并非如此。有时它带给我们的会是可怕的灾难，这时如果我们不能学会接受它，反而让灾难主宰了我们的心灵，生活就会永远地失去阳光。

威廉·詹姆士曾说："心甘情愿地接受吧！接受事实是克服

任何不幸的第一步。"我们应该接受不可避免的事实。即使我们不接受命运的安排，也不能改变事实分毫，我们唯一能改变的，只有自己。成功学大师卡耐基也说："有一次我拒不接受我遇到的一种不可改变的情况。我像个蠢蛋，不断做无谓的反抗，结果带来无眠的夜晚，我把自己整得很惨。后来，经过一年的自我折磨，我不得不接受我无法改变的事实。"面对无法改变的事实，我们就应该学着做到诗人惠特曼所说的那样："让我们学着像树木一样顺其自然，面对黑夜、风暴、饥饿、意外等挫折。"

但是，面对现实，并不等于束手接受所有的不幸。只要有任何可以挽救的机会，我们就应该奋斗。而当我们发现情势已不能挽回时，最好就不要再思前想后、拒绝面对，要坦然地接受不可避免的事实，唯有如此，才能在人生的道路上掌握好平衡。

明白了这些，你就会善于利用不公正来培养你的耐心、希望和勇气。比如在缺少时间的时候，可以利用这个机会学习怎样安排一点一滴珍贵的时间，培养自己行动迅速、思维灵敏的能力。就像野草丛生的地上能长出美丽的花朵，在满是不幸的土地上，也能绽开美丽的人性之花。

生活的不公正能培养美好的品德，青少年应该做的就是让自己的美德在不利的环境中放射出奇异的光彩。

外界的事物什么样，这由不得你去选择和控制，但用什么样的态度去对待，可以由你自己做主。面对生活中的种种不公正，能否使自己像骆驼在沙漠中行走一样自如，关键就在于你是否足够坚韧。

得意淡然，失意泰然

得意时，淡然面对荣誉称赞；失败时，泰然面对冷嘲热讽，这便是"得意淡然，失意泰然"。

人生泰然自若地承受接踵而至的灾难，并不是由于感觉迟钝，而是由于具有崇高和英勇的品质，这时，尽管在厄运中，心灵美仍放射出灿烂光辉！

有一位哈佛心理学教授，一天给学生上课时，拿出一只十分精美的咖啡杯。当学生们正在赞美这只杯子的独特造型时，教授故意装出失手的样子，咖啡杯掉在水泥地上摔成了碎片。这时，学生中不断发出了惋惜声。教授指着咖啡杯的碎片说："你们一定对这只杯子感到惋惜，可是这种惋惜也无法使咖啡杯再恢复原形。因此，今后在你们生活中，如果发生了无可挽回的事时，请记住这破碎的咖啡杯。"

可以说，这是一堂很成功的教育课，学生们通过摔碎的咖啡杯懂得了：人在无法改变失败和不幸的厄运时，要学会接受它、适应它、忘记它。

不要为打碎的咖啡杯哭泣。既然暂时无法改变现实，我们就应当学会忘记已经失去的东西，珍惜眼前拥有的东西。

古时候，有一个少年，背负着一个砂锅前行，不小心绳子断了，砂锅掉到地上碎了。可是少年却头也不回地继续前行。路人喊道："你不知道砂锅碎了吗？"少年回答："知道，已经碎了，回头又有什么用呢？"

所以，砂锅破碎了，与其在痛苦中挣扎浪费时间，倒不如重新找到一个目标，再一次奋发努力。

在人生旅途中，难免有一些像破碎的砂锅一样不愉快的经历。而作为青少年来说，想要走出这些困惑就要学会接受，青少年只要懂得接受生活中那些不可避免的事实，就等于已经排除了它们所带来的烦恼。

别被困难吓倒，以平常心对待

不要被困难吓倒，用平常心去对待，往往能把问题解决得更好。因为在面对更多困难和挑战的时候，我们不是输给了困难本身，而是输给了自身对困难的畏惧。

1796年的一天，在德国哥廷根大学，一个很有数学天赋的19岁青年吃完晚饭，开始做导师单独布置给他的每天例行的三道数学题。

前两道题在两个小时内就顺利完成了。第三道题写在另一张小纸条上：要求只用圆规和一把没有刻度的直尺，画出一个正十七边形。

他感到非常吃力，时间一分一秒地过去了，第三道题竟然毫无进展。这位青年绞尽脑汁，但他发现，自己学过的所有数学知识似乎对解开这道题都没有任何帮助。

困难反而激起了他的斗志："我一定要把它做出来！"他拿起圆规和直尺，一边思索一边在纸上画着，尝试着用一些超常规的思路去寻求答案。

当窗口露出曙光时，青年长舒了一口气，他终于完成了这道难题。

见到导师时，青年有些内疚和自责。他对导师说："您给我布置的第三道题，我竟然做了整整一个通宵，我辜负了您对我的期望……"

导师接过学生的作业一看，当即惊呆了。他用颤抖的声音对青年说："这是你自己做出来的吗？"

青年有些疑惑地看着导师，回答道："是我做的。但是，我花了整整一个通宵。"

导师请他坐下，取出圆规和直尺，在书桌上铺开纸，让他当着自己的面再做出一个正十七边形。

青年很快做出了一个正十七边形。导师激动地对他说："你知不知道？你解开了一桩有两千多年历史的数学悬案！阿基米德没有解决，牛顿也没有解决，你竟然一个晚上就解出来了。你是个真正的天才！"

原来，导师也一直想解开这道难题。那天，他是因为失误，才将写有这道题目的纸条交给了学生。

每当这位青年回忆起这一幕时，他总是说："如果有人告诉我，这是一道有两千多年历史的数学难题，我可能永远也没有信心将它解出来。"

这位青年就是数学王子高斯。

当高斯不知道这是一道两千多年的数学悬案，仅仅把它当作一般的数学难题时，只用了一个晚上就解出了它。高斯的确是天才，但如果当时老师告诉他那是一道连阿基米德和牛顿都没有解开的难题，结果可能就是另一番情景了。

当我们遇到困难时，要考虑的不应该是退缩，而是要知难而上，首先应该考虑如何解决问题，渡过难关。"船到桥头自然直，车到山前必有路。"困难只是纸老虎，不可能把我们逼上绝路。所以，我们遇到困难时，千万不要畏惧与退缩。只有坚持，我们才能远离失败，走向成功！

像接受人生一样接受压力

所谓的压力，是当我们去适应由周围环境引起的刺激时，我们的身体或者精神上的生理反应。这种反应包括身体成分和精神成分。

人活着就会感受到压力。没有人是可以"免疫"的，不管你喜欢与否，压力是生活的一部分，会每天伴随着我们。

世界上不存在没有任何压力的环境。要求生活中没有压力，就好比幻想在没有摩擦力的地面上行走一样不可能，关键在于你怎样对待压力。

有人说，压力就是魔鬼与天使的混合体。有时它是能带给人心灵和躯体双重伤害的魔鬼，有时它又化身为促进人们更快达到目标的天使。其实压力是魔鬼还是天使，决定权在你，就看你能不能把压力稳放在平衡木上了。

一家美国公司在选择北京办事处负责人时，通过一个很小的细节考察了应聘者的环境适应能力。当时，共有7名应聘者，其中只有一位是女士。考官故意把应聘者的位置安排在空调下，而且将其功率开得很大。结果，6位男士都无法忍受长达两小时的面试，只有这位女士坚持到了最后。当面试结束时，这位主考官说："由于公司刚在北京成立办事处，属于万事开头难的阶段，所以只有能够适应环境，敢于接受挑战，并且能够以愉快的心情去面对压力的人才会被我们录用。这位女士，欢迎你加入公司。"

适应环境的能力是必需的，因为只有从容地适应环境，才能好整以暇地迎接挑战。

就像不能逃避生活一样，我们也无法逃避压力。事实上，有压力并非坏事，案例中的女士，因为接受了压力，才得以从7位应聘者中脱颖而出。可以说，接受压力就是接受成长的机会。

跌倒了就爬起来

有位哈佛教授说过："世界上有一种失败，那就是轻易放弃；达到人生顶点的人就是那些永不放弃的人。"

一位父亲苦于自己的孩子已经十五六岁了，还没一点男子汉的气概。他去找得道的禅师，让他帮忙训练他的孩子。

"你把他放在我这儿待三个月，我一定把他训练成真正的男人。"禅师说。

三个月后，父亲去接儿子，禅师让他观看孩子和一个空手道教练进行的比赛。

只见教练一出手，孩子就应声倒下，他站起来继续迎战，但马上又被打倒，他又站了出来……就这样来来回回孩子一共被打倒18次。

父亲觉得非常羞愧："真没想到，他居然这么不经打，一打就倒了。"

禅师说："你只看到了表面的胜负，你有没有看到他倒下去又站起来的勇气和毅力呢？"

一开始就能站住的人固然让人欣赏，但能面对一次次倒下，又能重新站起来的人则更让人敬佩。毕竟这世界上能一开始就站住的幸运儿不多，许多人都是经过无数次摸爬滚打，才能最终站稳。

有人问一个孩子，是怎样学会溜冰的。那孩子回答道："哦，跌倒了爬起来，爬起来再跌倒，慢慢就学会了。"使得一个人成功，使得一支军队胜利的，实际上就是这样的一种精神。跌倒不算失败，跌倒了爬不起来，才是失败。

人的一生中要经历很多失败，换一个角度来看，失败反而是生活给我们的馈赠。"跌倒了揉揉痛处爬起来，在失败中求胜利。"这是成长的必然途径，也是历代伟人的成功秘诀。

1832年，林肯失业了，伤心的他下决心当政治家，当州议员。糟糕的是，他竞选失败了。接着林肯着手自己开办企业，可一年不到，这家企业又倒闭了。在以后的十七年间，他不得不为偿还企业倒闭时所欠的债务而到处奔波，历尽磨难。随后林肯再一次决定参加竞选州议员，这次他成功了。他认为自己的生活有了转机："我终于成功了！"

1835年，他订婚了。但离结婚还差几个月的时候，未婚妻不幸去世。他心力交瘁，数月卧床不起。1836年，他得了神经衰弱症。1838年，林肯竞选州议会议员失败。1843年，他竞选美国国会议员仍然没有成功。1846年，他又一次竞选美国国会议员，最后终于当选。任期结束后他争取连任，但是又落选了。随后又是两次失败。1854年，林肯竞选参议员失败。两年后，他竞选美国副总统提名失败。又过了两年，他再一次竞选参议员，还是失败了。

林肯尝试了十一次，可只成功了两次，但他一直没放弃自己的追求，他一直在做自己生活的主宰。1860年，他当选为美国总统。

失败，一次次地走进林肯的人生，生活似乎总是让他措手不及。企业倒闭、情人去世、竞选败北，失败接踵而来，但是每一次，林肯都勇敢地站了起来，他并没有向失败妥协，相反，他从失败中汲取力量，坚持不放弃，最终取得了成功。

青少年在成长的过程中，很难说会一帆风顺，总有摔跤、跌倒的时候，这可能是尝试，也可能是打击，但有一点我们要记住：不管你是怎么"摔倒"的，不管你跌到什么样，跌倒了，一定要爬起来。在人生的舞台上失败是很正常的，许多人之所以获得了最后的胜利，就是因为他们能够屡败屡战。

所以，青少年要知道，失败和挫折并不可怕，可怕的是没有勇气去面对。挫折和失败就像是我们的老朋友，虽然有时会跟我们开开玩笑，但正是它让我们的心更强壮。

送给青少年的第 7 份礼物：以自制为准绳

——战胜自己的人才能成功

在哈佛，流传着这样一句话："人生最大的敌人是自己，人生最大的失败是被自己蔑视。"成长的路上我们要勇于挑战自我、淘汰自我，用远大的目标激发昂扬的斗志，用不懈的努力征服艰难困苦。

挑战自己须积极进取，自强不息。"业精于勤荒于嬉，行成于思毁于随。"勇于突破自我、超越自我的人，是生活的强者；随波逐流、人云亦云的人，只能步人后尘。战胜自我是一个漫长而艰苦的过程，没有捷径可走，任何一劳永逸、一蹴而就的想法，都是不切实际的幻想。无限风光在险峰，只有不畏艰险、奋勇攀登的人，才能体味到"会当凌绝顶，一览众山小"的美妙和幸福。

自律能使人把潜能发挥到极致

哈佛的理念是，让校规看守哈佛，比用其他东西看守哈佛更安全有效。要想生活在一个更和谐的社会，就要自觉地严格约束自己，时刻将规则放于心中，以获得更完满的自由。相反，无视规则、对抗规则的人，常常受到规则的惩罚，以致到处碰壁，甚至付出全部自由的代价。

自律对于个人事业的发展，发挥着重要的作用，加强自律有助于磨砺心志，有助于良好品性的形成，能助人走向成功。

史蒂夫·鲍尔默是微软公司首席执行官。在这个卓越的企业中，如果说比尔·盖茨是战略家，那鲍尔默就是行动家，而且，这个行动家的执行力是无与伦比的。而这无与伦比的执行力，就是靠他的自律来维持的。鲍尔默在工作上异常严厉，但他并不是那种只会严格要求别人的领导者，他深谙律人必先律己的道理。

他要求别人努力工作，并且以身作则，他自己就是个典型的工作狂。

同时，他还认为，如果一个经理人经常说空话，每次说出来的都只是一些理论，就不可能得到员工的尊重。要员工做到，自己就必须先做到。所以，在微软没有这类高高在上的管理层级，也没有具体事不做，只分派员工去做的纯管理经理。

勤奋，一直是他实践管理的原则。他要求微软的经理人，对公司的事务了如指掌。所以，他孜孜不倦地关心着微软的每件事情，工作的每个环节，并且成了员工的榜样。

自律的养成是一个长期的过程，不是一朝一夕的事情。因此，要自律首先就得勇敢面对来自各个方面的挑战，不要轻易地放纵自己，哪怕它只是一件微不足道的事情。

自律，同时也需要主动，它不是受迫于环境或他人而采取的行为，而是在被迫之前就采取的行为。前提条件是自觉自愿地去做。

罗伯特·史特朗奇·麦克纳马拉，1916年6月9日出生于美国旧金山，1939年春毕业于哈佛商学院，次年回哈佛任会计学助理教授。

太平洋战争爆发后，他加入桑顿的统计管制处，工作出色。

"二战"后，他与伙伴同时加盟福特公司，表现出超凡的聪明才能，为福特公司立下了汗马功劳，被任命为公司总裁。不久，他又被肯尼迪总统任命为国防部长。在七年的任期内，他在华盛顿成为仅次于总统的第二号人物。

1968年2月，麦克纳马拉离开国防部长职位，担任了世界银行行长的职务。

麦克纳马拉告诫他的部属们："做老板的人，必须比教徒更加严格地奉行'教规'。"他是这样说的，也是这样做的。比如，当福特公司的代理商送圣诞礼物给麦克纳马拉时，他很生气地退回了礼物，还责备了代理商。当他要去度假滑雪，需要一部车顶有雪橇架的车子，而有人要让公司派车时，他断然拒绝，坚持自己出钱租车。

麦克纳马拉这种严于律己、洁身自好的作风，给他带来了极高的威望，许多人佩服他、尊敬他，因而他能够令出必行，行必有果。所以，当他给那些滥用公司财物的主管统统开出账单时，他们才会服服帖帖地接受。而仅此一项，就让福特挽回了200多万美元。

鲍尔默和麦克纳马拉证明了自律所具有的强大力量，没有任何人可以在缺少它的情况下获得并维持成功。甚至可以这么说，无论一个人有多么过人的天赋，如果他不运用自律，就绝对不可能把自己的潜能发挥到极致。

自律能够促使人步步攀向高峰，也是领导能力得以卓有成效维持的关键所在。

我们缺乏的是毅力，不是气力

要获得成功，并不是件容易的事，它不仅需要你的努力、你的付出，更需要你在这个过程中的毅力与勇气。

我们知道，哈佛的学子以勤奋好学闻名，而他们努力的根源就在于坚定的毅力。虽然学习生活很累、很苦，但他们并未因此而退缩。

事实上，在每一种追求中，作为成功的保证，与其说是能力，不如说是不屈不挠的毅力。它是人的行动的动力之源，希望以它为基础。如果没有了毅力，那就很难有支撑你继续前进的动力，稍遇困难就可能将你击垮，再也站不起来。而如果你坚信自己能够可以，那就一定能超越自我，勇往直前。

哈佛的教授也告诫学生们说："坚强的毅力是人生行动中战胜困难、摆脱逆境的利刃。"打造这把利刃，一定能使自己的人生更加光彩夺目。而费正清的故事则印证了这一理念。

费正清，美国著名中国学专家。16岁时，父母沿袭边远地区上层人士习惯，把他送到发达的东部接受教育。他进了埃克塞特学校。该校多是上层人士子女，追求事业功名的气氛比较浓厚。读大学时，他先进了威斯康星大学，为给自己营造一个更高层次的发展环境，他转学到哈佛大学。哈佛大学浓厚的学术氛围，激发了费正清建立个人功业的抱负，他埋头苦读，"以求在世界上出人头地"。1931年，他到中国学习汉语，收集史料，并撰写自己的博士论文。1936年，费正清应聘到哈佛教书。在这里，他主张打破传统汉学的束缚，重视中国近现代史的研究。他以哈佛为阵地，充分利用哈佛的人力和物力资源以及哈佛的名望，建立了一个新的领域，一种中国研究的新模式。

从1936年到退休的1977年间，他推动了数以百计的与中国问题有关的学术研究项目，对促使美国的中国研究成为一个系统的、影响深远和成果丰硕的学科起了比美国任何学者都更大的作用。费正清创立了哈佛大学东亚研究中心，并使它成为美国最重要的中国研究机构。

费正清是一位十分勤奋的学者。他一生笔耕不辍，独著、合著、编辑、合编的作品多达60余部，还有大量的论文及书评，确实是著作傍身。

费正清主编的《剑桥中国史》，共15卷，贯通起了自秦汉到新中国建立后1982年之间两千余年的历史。作为一部在西方具有广泛影响的学术著作，《剑桥中国史》采用的是专题式的写作方式，即将历史划分为政治、经济、外交、文化等不同方面，然后按各自历史进程加以评述。正是如此写法才使他们得以发挥各个研究领域中佼佼者的专长，最终汇聚成一部具有很高学术水平和地位的专著。

在哈佛，学生们要过的第一关是语言关。为了攻下第一关，要不断地学习、练习。而且，哈佛的课业非常繁重。有时完成作业就需要花费很长的时间，做作业到后半夜一两点钟是很常见的事，早晨还要很早起床去上课。

除了上课，学生们还要做助教的工作。学习强度大、睡眠不足是哈佛学子经常要面对的问题，在这种情形下，如果没有坚定的意志是很难支撑下去的。因此可以这样说，在哈佛学习的每个人都是有毅力的强者。他们认为，如果把上述的困难克服了，那以后再大的困难也能从容面对。

哈佛经验告诉我们：没有谁能随随便便地成功，如果没有毅力，没有自我管理的能力，纵使你才华横溢，纵使你有胆有识，也很难获得成功。你只能在日复一日的混沌中，消磨生命，走向毁灭。

自控力决定你的最终成就

马克思说过："生活就像海洋，只有意志坚强的人，才能到达彼岸。"通往阳光的秘诀在于懂得如何去控制自己。一个人如果懂得如何控制自己，那他便是一个最成功的自我教育者。控制自己的能力就是自控力。自控力是指一个人在意志行动中善于控制自己的情绪，约束自己的言行。它对人走向成功起着十分重要的作用。

有这样一个寓言：

有人在路旁摆了个盛满甜酒的酒樽，并放了些酒杯。一群猩猩见了，就知道人类的用意。可是熬了不一会儿，一只猩猩说："这么香甜的酒，何不少尝一点！"于是，各自战战兢兢地喝了一小杯。喝罢，相互嘱托说："可千万不要再喝了！"谁知，一阵酒香随风扑来，它们个个垂涎三尺，又都喝了一杯。最后"不胜其唇吻之甜"，忘乎所以，竞相端起大酒樽狂饮起来，结果一个个酩酊大醉，一并为人所擒。

我们每个人都会有一种懒惰的行为，也会一时贪图享乐，缺少控制，导致跌入深渊，万劫不复。贪图是一种可怕的精神腐蚀，会使我们整天无精打采，生活颓废。不要因一时的安逸而蹉跎岁月，更不能养成这种不好的习惯。

第一位成功征服珠穆朗玛峰的新西兰人埃德蒙·希拉里在被问起是如何征服这座世界最高峰时，他回答道："我真正征服的不是一座山，而是我自己。"这种优秀的品质就叫作意志力、自控力或克己自律，实际上，你也完全可以从每天去做一些并不喜欢的或原本认为做不到的事情开始，开发出自己更强的意志力、自控力等。

青少年要知道，只有通过实践锻炼，才能够真正获得自控力。也只有依靠惯性和反复的自我控制训练，我们的神经才有可能得到完全的控制。从反复努力和反复训练意志的角度上来说，自控力的培养在很大程度上就是一种习惯的形成。

比如跑步，每天早上做5公里慢跑。不论严寒酷暑，刮风下雨，都要坚持。早上，在床上的每一分钟都是如此让人珍惜，特别是冬天，赖在被窝里为起床做着激烈的思想斗争，而且长跑又艰苦又乏味，还会让人腰酸背痛，是一件名副其实的苦差事，很多人可能就坚持不下来。

但马克·吐温说："如果你每天去做一点自己心里并不愿意做的事情，这样，你便不会为那些真正需要你完成的义务而感到痛苦，这就是养成自觉习惯的黄金定律。"只要你坚持，随着身体状况慢慢变好，跑步逐渐变得轻松起来，跑步这份苦差事似乎不再那么恐怖了，尽管早起仍然有点儿困难，有点儿费劲，但似乎可以克服。一切都变得越来越容易，越来越自然，到最后清晨起来跑步成了一个习惯，成了日常行为的一个部分，不用强迫自己就可以做到了。这样通过每天跑步的"磨炼"，使你的自律能力、决心、意志、承诺、效率、自信、自尊都得到锻炼和提高。

用心为自己挖一口井

有这样一幅漫画：画面中有两个人在凿井，凿一处，很浅，没有见水就换一处；又凿了，依然很浅，还没有见水，就再换一处……他一连凿了好几处，都没有见水。而另一个人，在一处凿井，一直凿下去，终于见到了水。

这幅漫画很好地反映了生活中很多人的心理，每干一件事情，看到什么比较好，自己就想干什么，但无论干什么事情都不认真、不专注，浅尝辄止，不能坚持到底。作家罗曼·罗兰说过："与其花许多时间和精力去凿许多浅井，不如花同样多的时间和精力去凿一口深井。"所以说，与其到处凿浅，还不如用尽心力凿一口深井。

一个生活屡屡受挫的人找到一个哲人说："我这一辈子真是太不幸了，一开始我学习行船，结果船翻了；我弃了船又去学习开车，结果车又翻了；我弃了车去经商，结果又连连赔本；没办法，我只好去种地，结果又遇上连年灾荒……看来我是无路可走了，我真的不知道以后怎么办。"

哲人听了笑笑，说："这不能怪命运，应该怪你自己。"那人对此非常不解，哲人继续说，"如果在船翻时，你不是弃船而走，而是翻过船来继续航行，你现在可能是一个出色的航海家了；如果车翻时，你不是弃车而走，而是扳正车子继续前进，你现在可能是一个优秀的司机了；如果经商失败时，你战胜困难继续经营，你现在可能已是一个富有的商人了；如果连年灾荒后你继续耕种土地而不是去干别的，你现在可能已是一个殷实的农民了。生活的道路有千万条，每条道路上都有坎坷和艰险，你的失败就在于你在每条路上都浅尝辄止。"

每个人的一生就像是挖井的过程。事实上，每个人脚下的土地都有泉水，关键就看你有没有耐心、毅力与恒心，能不能认真专注，能不能坚持挖到底。做人最怕的不是遇到挫折和失败，而是轻易放弃，特别是在你准备挖一口深井，畅饮甜美的泉水时，更需要坚持下去，否则就会功亏一篑，留下无尽的遗憾。

春秋时候，楚国有个擅长射箭的人叫养由基。他能在百步之外射中杨树枝上的叶子，并且百发百中。楚王羡慕养由基的射箭本领，就请养由基来教他射箭。养由基便把射箭的技巧倾囊相授。

楚王兴致勃勃地练习了好一阵子，渐渐能得心应手，就邀请养由基跟他一起到野外去打猎。打猎开始了，楚王叫人把原木藏在芦苇丛里的野鸭子赶出来。野鸭子被惊扰得振翅飞出。楚王弯弓搭箭，正要射猎时，忽然从他的左边跳出一只山羊。

楚王心想，一箭射死山羊，可比射中一只野鸭子划算多了！于是楚王又把箭头对准山羊，准备射它。

可是正在此时，右边突然又跳出一只梅花鹿。楚王又想，若是射中罕见的梅花鹿，价值比山羊又不知高出了多少，于是楚王又把箭头对准了梅花鹿。忽然大家一阵子惊呼，原来从树梢飞出了一只珍贵的苍鹰，振翅往空中蹿去。楚王又觉得还是射苍鹰好。

可是当他正要瞄准苍鹰时，苍鹰已迅速地飞走了。楚王只好回头来射梅花鹿，可是梅花鹿也逃走了。楚王又回头去找山羊，可是山羊也早溜了，甚至连那一群鸭子都飞得无影无踪了。

楚王拿着弓箭比画了半天，结果什么也没有射着。

从这个故事可以看出：与其见异思迁，不如盯住最先发现的那只野鸭，把它射中。

生活中我们往往也是这样，不能认真专注地做一件事情。其实，每个人的素质都是差不多的，即使是天才和常人，天生的聪明才智相差也不大，但后天努力的差别却很大。所以，不管是学习还是干什么，我们都应该认真专注地干一件事情。

让自己每天进步一点点

我们可以制订一个计划，要求自己每天进步一点点，包括在重新塑造自己方面。永不停止向前迈进的脚步，过不了多长时间，我们就会发现，自己已经进步了许多，我们的生活和工作也都大变样了。

有一首童谣："失了一颗铁钉，丢了一只马蹄铁；丢了一只马蹄铁，折了一匹战马；折了一匹战马，损了一位将军；损了一位将军，输了一场战争；输了一场战争，亡了一个国家。"

一个国家的灭亡，一开始居然是一位能征善战的将军的战马的一只马蹄铁上的一颗小小的铁钉失掉了所致。

正所谓"小洞不补，大洞吃苦"，每次的一点点变化，最终都会酿成一场灾难。

有这样一个"蝴蝶效应"。纽约的一场风暴，起始条件是因东京有一只蝴蝶在拍翅膀。翅膀的振动波，正好每次都被外界不断放大，不断放大的振动波越过大洋，结果就引发了纽约的一场风暴。

每次进步一点点，最终会带来一场"翻天覆地"的变化。

所以说，成功就是每天进步一点点。

成功来源于诸多要素的集合叠加，比如，每天笑容比昨天多一点点；每天走路比昨天精神一点点；每天行动比昨天多一点点；每天效率比昨天高一点点；每天方法比昨天的多找一点点……正如数学中 $50\% \times 50\% \times 50\% = 12.5\%$，而 $60\% \times 60\% \times 60\% = 21.6\%$，每个乘项只增加了 0.1，而结果却几乎成倍增长。每天进步一点点，假以时日，我们的明天与昨天相比将会有天壤之别。

每天进步一点点是简单的，就是要你始终保持强烈的进取心。一个人，如果每天都能进步一点点，哪怕是 1% 的进步，最后也终将抵达成功。

日本企业所生产的产品向来以品质卓越著称，不论是电子产品、家用电器还是汽车，其品质在世界上都是一流的。

日本人对于品质如此重视，主要归功于一位美国的品质大师戴明博士。

第二次世界大战结束后，戴明博士应日本企业邀请，帮助重振日本经济。戴明博士到了日本之后，对日本企业界提出"品质第一"的倡议。他告诉日本企业界，要想使自己的产品畅销全世界，在产品品质上一定要持续不断地进步。

戴明博士认为，产品品质不仅要符合标准，还要无止境地每天进步一点点。当时有不少美国人认为戴明博士的理论很可笑，但日本人却完全照做了。果然，今天日本企业的产品在世界上大放光彩。

福特汽车公司一年亏损数十亿美元时，他们请戴明博士回来演讲，戴明仍然强调企业要在品质上每天进步一点点，只有通过不断进步，才可以使企业起死回生。

结果，福特汽车照此法则贯彻三年之后，便转亏为盈，一年净赚60亿美元。

只要每天进步1%，我们就不用担心自己不能快速成长。

在每晚临睡前，不妨自我分析：今天我学到了什么？我有什么做错的事？我有什么做对的事？假如明天要得到我要的结果，有哪些错不能再犯？

反问完这些问题，我们就比昨天进步了1%。无止境的进步，就是我们人生不断卓越的基础。

我们在人生中的各方面也应该照这个方法做，持续不断地每天进步1%，一年便进步了365%，长期下来，一定会有一个高品质的人生。

不用一次大幅度地进步，每天进步一点点就够了。不要小看这一点点，每天小小地改变一点，会带来大大不同的结果。如果我们每天比别人差一点点，几年下来，就会差一大截。很多时候，人生的差别就在这一点点之间。而如果我们将"每天进步一点点"这个信念用于自我成长上，一定会有巨大的收获。

送给青少年的第 8 份礼物：以自信为伴

——做内心强大的自己

自信心比什么都重要。为什么我们要相信自己？因为在这世上，每个人都是独一无二的。如果我们把自己当作金子，我们就能发出耀眼的光芒；如果我们把自己视为泥块，我们就将真的被人踩在脚下。有自信的人，往往做什么事情都能够获得成功；没自信的人，即使有时候已经触摸到了成功的大门，却因为没有勇气推开它，只能和成功擦肩而过。

信心是成功者的"定心丸"

哈佛重视对学生自信心的培养。哈佛著名学子亨利·梭罗说："自信地朝你想的方向前进！人生的法制也会变得简单，孤独将不再孤独，贫穷将不再贫穷，脆弱将不再脆弱。"

自信是态度的灵魂，一个人如果满怀自信，那么他就不会在任何困难面前屈服——仅仅这一种态度，就足以使人们觉得他身上充满了魅力。亚马尼的独特风格正是来源于他的自信。

亚马尼刚被任命为石油大臣时，国王授权他与阿美石油公司谈判一项该公司向沙特政府纳税的问题。亚马尼就是靠着这份自信心，对该公司进行了深入细致的了解，连细枝末节也不放过，结果令阿美石油公司的官员们目瞪口呆继而让他最终取得了胜利。

在与西方工业大国的较量中也是如此，一个第三世界国家与世界一流的大国一争高下，不屈不让，该需要何等的胆识与气魄！但亚马尼做到了，他相信自己，相信他的人民，相信他们一定会成功。

结果，他再一次获得胜利。相信，实实在在地相信，就会使你有能力获得成功。相信会有伟大的结果，是所有伟大的书籍、剧本，以及科学新知背后的动力。相信会成功，也是每一种成功的生意与政治机构会成功的主要原因。相信会成功，是那些已经成功的人所拥有的一项基本而绝对必备的要素。

相信自己，对自己的能力充满信心，对自己的目标、思想、行为都充满信心，用自信去感染身边的人。全美第十大公司、著名的国际商用机器公司的董事长、总经理及第一业务主管约翰·艾克斯是哈佛的毕业生。该公司从1998年以来已连续五年成为美国市场上最具价值的公司。艾克斯给大众最深刻的印象，就是他与众不同的魅力。艾克斯时刻让周围的人感觉到他的自信与果断，并同时影响着身边的人，让他们情不自禁地追随着他。

所有伟大的领袖都懂得以自信的方式行动的重要性。拿破仑知道自信行为方式的魔力，并且因此受益无穷。

拿破仑在战争中曾命令手下的士兵送情报到前线，由于没有合适的交通工具，拿破仑就把自己的战马拉了出来。

看到这匹威武雄壮的战马，士兵不禁说道："元帅，您的坐骑太高贵了，我只是个无名小卒，根本不配使用它。"

拿破仑回答说："在法国士兵的眼中，没有一件东西可以称得上高贵。不要贬低自己，相信自己是最好的武士！"听了元帅的一席话，士兵这才心惊胆战地骑上战马，赶往前线报信。

士兵缺乏自信，连马都不敢骑，但幸亏拿破仑对自己的士兵有充分信任，不然可能耽误战机。连自己都信不过的人，怎么能得到别人的信任呢？

当拿破仑第一次被流放以后，法国军队受命捉拿他时，他不但没有跑掉或躲藏起来，相反地，他勇敢地出去迎接他们——一个人对付一支军队。而且，他掌握局势的极大信心奇迹般地生效了，因为他的行为似乎表明他期望军队服从他的指挥，所以，士兵们在他身后以整齐的步伐前进了。

任何成功者都离不开自信。没有人喜欢那种软弱的、不果断的人，这种人办事时好像根本不知道自己在乎什么或要干什么。因此，他们成功的机会也就很少。你可以敬佩别人，但绝不可忽略了自己；你可以相信别人，但绝不可不相信自己。

风烛残年之际，柏拉图知道自己时日不多了，就想考验和点化一下他的那位平时看来很不错的助手。他把助手叫到床前说："我需要一位最优秀的传承者，他不但要有相当的智慧，还必须有充分的信心和非凡的勇气……这样的人选直到目前我还未见到，你帮我寻找和发掘一位好吗？"

"好的，好的。"助手很温顺、很诚恳地说，"我一定竭尽全力去寻找，以不辜负您的栽培和信任。"

那位忠诚而勤奋的助手，不辞辛劳地通过各种渠道开始四处寻找。可他领来一位又一位，都被柏拉图一一婉言谢绝了。有一次，病入膏肓的柏拉图硬撑着坐起来，抚着那位助手的肩膀说："真是辛苦你了，不过，你找来的那些人，其实还不如你……"

半年之后，柏拉图眼看就要告别人世，最优秀的人选还是没有眉目。助手非常惭愧，泪流满面地坐在病床边，语气沉重地说："我真对不起您，令您失望了。"

"失望的是我，对不起的却是你自己。"柏拉图说到这里，很失望地闭上眼睛，停顿了许久，又不无哀怨地说，"本来，最优秀的人就是你自己，只是你不敢相信自己，才把自己给忽略、耽误、丢失了……其实，每个人都是最优秀的，差别就在于如何认识自己、如何发掘和重用自己……"话没说完，一代哲人就这样永远离开了这个世界。

著名的钢铁大王卡内基经常提醒自己："我想赢，我一定能赢。"结果，他真的赢了。哈佛学子，美国前总统西奥多·罗斯福也曾经领悟道："失败固然痛苦，但更糟糕的是从未去尝试。"

　　每个人都需要在心中埋下信念的种子，面对心中的高度不断鼓励自己、肯定自己，时常在心中默念"我有，我可以"。突破了心灵障碍，就能不断超越自己——这就是自信的力量。

相信自己，别人才会相信你

有自信的人，做什么事情都有信心：相信自己的能力可以达到理想的目标，就能勇敢地做自己想做的事。

但现实生活中，许多人都认为别人拥有的幸福是不属于自己的——不是不能，是不配拥有。他们自惭形秽，自认不能跟那些命好的人相提并论。缺乏自信的结果是，不但自己没有胆量做事，同事和朋友也不敢信任你。他们在开口说话以前，总是先设法探听别人的意见——若与自己的意见相同，才敢说出来，其结果只能是人云亦云，丝毫没有创意。没有自信的人在机会到来时，总是犹豫不决，想抓住又怕没把握，想放弃又不甘心，结果坐等机会白白溜走。

在哈佛大学那样竞争激烈的环境里，无论是谁都会感到非常紧张，而一位眼睛看不见的女博士生却非常自在愉快。她叫杨佳，是中科院研究生院的副教授，2000年7月以优异的成绩进入哈佛大学就读，成为该校有史以来唯一一位非本国的盲人学生。

杨佳出生于1963年，在29岁之前，她一直过得很顺利。她15岁考上郑州大学英语系，19岁开始接受大学二年级的英语精读课，23岁从中科院研究生院毕业后留院任教。1992年，正值人生最璀璨阶段的她，却患上了一种叫作"黄斑变性"的眼疾，医生诊断后告诉她这是一种会让她逐渐失明的疾病。

在她的眼前，原本五光十色的世界变得雾蒙蒙的，直到完全黑暗。这个过程是一段痛苦的日子。在一年多的时间里，她一边治疗眼疾，一边坚持教书。但她总是把看病的时间安排在周末假日，她不愿意请假，因为怕误了学生的学习，所以她几乎没有耽误过任何一堂课。她的视力越来越差，但她却拼命地使用眼睛，不放过一分一秒看书的时间。直到眼前什么也看不见了，她仍然说："我离不开讲台，我要当老师。"

她请父母为她买各式各样的录音机，因为她想，既然眼睛看不见了，那就用耳朵听吧。她随身携带一个袖珍型的小录音机，比如记个电话号码，就用录音机录下来。她笑道："条条大路通罗马。"做到这一点很不容易。失明之后，她依然能写出漂亮的板书，但有谁知道她贴在黑板上的左手是在悄悄估计字的大小，好配合写字的右手。为了这几行板书，她不知在家里练了多少遍：在房门上，在硬纸板上，让自己慢慢感觉以往所忽略的身体律动，来协调左右手之间的搭配。语音教室里，平面操作台上的各种按钮也被她悄悄地贴上了一小块一小块的胶布，作为记号。

她在每学期刚开始的第一节课上必定要点名，然后在心里默默记住每位学生不同的声音，并配上他们的名字。下一次，她就能准确地叫出每位学生的名字了。在与人谈话时她也始终专注地注视着对方，事实上她是全凭听说话者的声音来判断他们的位置的。

杨佳的学生都是博士生。他们喜欢上她的课，因为"杨老师发音很准，声音很好听，上课形式多样化"，她从不照本宣科，上课喜欢提问，准备了大量课外资料。她喜欢在每堂课开始的时候播放当天或者前一天的英语新闻，并经常在课程告一段落时播放新的英文歌曲。

学生们私底下都十分佩服她为每一节课所做的精心准备。下课的时候，学生们都喜欢围在讲台边和她聊天。她的知识面非常宽，知道很多最新的信息。无论是英美文学、音乐，还是国际时事，博士生们和她聊得十分开心，而她也感到非常快乐。

在中科院外语部教学品质评量表中，博士生们为她打了98

分。在毕业班的毕业留言簿上，学生们深情地写道："杨老师，我们无法用恰当的言辞来形容您的风采，您的内涵如此丰富，您的授课如此生动，除了获取知识外，我们还获得了不少乐趣和做人的道理……"

杨佳说自己之所以始终站在讲台上靠的是一种自信，以及对这份工作的热爱。她从不觉得自己与其他人有什么不同："站到讲台上我就是个老师，这时我和其他老师一样，学生要学东西，我们教他们知识。"

2000年，杨佳获得了进入哈佛大学深造学习的机会，她的事迹也通过网络迅速传遍了整个哈佛。

在哈佛大学，面对上千门课程，面对那么多新的信息，杨佳非常兴奋。"想学的东西太多了。我每天一早就去听课，一直到下午五点半。中午有半个小时的时间吃饭。晚上就在宿舍里读书、上网，往往要到十二点多才能就寝。我觉得在这里的每一天都过得很充实。"

杨佳说，没想到自己在失明八年之后还能走进哈佛，因此她非常珍惜这次难得的机会。"这里条件很好，信息传递非常迅速，我要多听课、多读书、多学些新东西。我要努力充实自己，好丰富今后的教学内容。"

　　自卑只能自怜，自信赢得成功。相信自己，就是相信自己的优势，相信自己的能力，相信自己有权占据一个空间。有句话说得好："没有得到你的同意，任何人也无法让你感到自惭形秽。"

大声为自己喝彩

生活中我们总习惯于为别人喝彩，羡慕别人的点点滴滴的完美，而对自己一些突出的优点却视而不见，不以为然。于是，喝彩也因寂寞而悄然离去，只剩下低头丧气的自己……

为自己喝彩，给自己一份执着，少一些失落，多一份清醒。人生不相信眼泪，命运鄙视懦弱。困难和不顺在所难免，如果总是沮丧，生活便是荒芜的沙漠，不如用自己的脚步来踩死自己的影子。战胜厄运，首先要战胜自己。为自己喝彩，给自己多一份自信和快乐，少一些怀疑和痛苦。凡事应学会换一个角度，从好的方面想，人生必将有别样的风景线。这是一种乐观的积极的生活态度。即使有一千个借口哭泣，也要有一千零一个理由坚强；即使只有万分之一的希望，也要勇往直前，坚持到底。因为今天的太阳落下山，明天照样升起，人生也是这样。

有一位美国作家，他是靠着为报社写稿维持生活的。他给自己定了一个目标，每周必须完成两万字。达到了这一目标，就到附近的餐馆饱餐一顿作为奖赏；超过了这一目标，还可以安排自己去海滨度周末，在海滩大声为自己鼓掌、喝彩。于是，在海滨的沙滩上，常常可以见到他自得其乐的身影。

作家劳伦斯·彼德曾经这样评价一些著名歌手："为什么许多名噪一时的歌手最后以悲剧结束一生？究其原因，就是因为，在舞台上他们永远需要观众的掌声来肯定自己，需要别人为自己喝彩。但是由于他们从来不曾听到过自己的掌声和喝彩声，所以一旦下台，进入自己的卧室时，便会倍觉凄凉，觉得听众把自己抛弃了。"他的这一剖析，确实非常深刻，也值得深省。

我们鼓励所有人给自己鼓掌，为自己喝彩，绝不是叫人自我陶醉，而是为了让人强化自己的信念和自信心，正确地评估自己的能力。

当我们取得了成就，做出了成绩，或朝着自己的目标不断前进的时候，千万别忘了给自己鼓掌，为自己喝彩。当你对自己说"你干得好极了"或"真是一个好主意"时，你的内心一定会被这种内在的诠释所激励。而这种成功途中的欢乐，确实是很值得你去细细品味的。

　　人生来就需要得到鼓励和赞扬。许多人做出了成绩，往往期待着别人来赞许。其实光靠别人的赞许是远远不够的，何况别人的赞许会受到各种外在条件的制约，难以符合你的实际情况或满足你真正的期盼。如果要克服自卑感，增强自己的自信心和成功信念，那么就不妨花些时间，恰当地为自己喝彩。

　　生活中的成功者往往都善于爱护和不断培育自己的自信心，他们懂得如何"给自己鼓掌"。一个不信任自己的人，一个悲观的人，一个只是把自己的成功当作侥幸的人，不可能成为有大成就者。

战胜内心最大的敌人

一个人如果不对自己失望，精神就永远不会崩溃。实际上，战胜困难要比打败自己相对容易，所以有人说："'我'是自己最大的敌人。"战胜自己靠的是信心，人有了信心就会产生力量。人与人之间，弱者与强者之间，成功与失败之间最大的差异就在于意志力量的差异。人一旦有了意志的力量，就能战胜自身的各种弱点。

有两个人同时到医院去看病，并且分别拍了X光片，其中一个原本就生了大病，得了癌症，而另一个只是做例行的健康检查。

但是由于医生取错了片子，结果给了他们相反的诊断，那一位病况不佳的人，听到身体已恢复，满心欢喜，经过一段时间的调养，居然真的完全康复了。

而另一位本来没病的人，经过医生的宣判，内心起了很大的恐惧，整天焦虑不安，失去了生存的勇气，意志消沉，抵抗力也跟着减弱，结果还真的生了重病。

看到这则故事，真的是哭笑不得，因心理压力而误被医生诊断出"重病"的人是该怨医生还是该怨自己呢？有人曾经说过："自认命中注定逃不出心灵监狱的人，会把布置牢房当作唯一的工作。"以为自己得了癌症，于是便陷入不治之症的恐慌中，脑子里考虑更多的是"后事"，哪里还有心思寻开心，结果被自己打败。而真的癌症患者却用乐观的力量战胜了疾病，战胜了自己。

更多的时候，人们不是败给外界，而是败给自己。俗话说，"哀莫大于心死"。"绝望"和"悲观"是死亡的代名词，只有勇于挑战自我、永不言败者才是最大的赢家。

战胜自己就是最大的胜利。与其说是战胜了疾病，不如说是战胜了自己。工作不顺利时，我们常常会找种种借口，认为是领导故意刁难，把不可能完成的工作交给自己；认为最近健康状况欠佳，才导致效率不高；等等。心中想偷懒，却把偷懒理由正当化，总认为期限还有三天，明天、后天拼一下就可以，今天不妨放松一下。

我国游泳教练张健用50个小时横渡渤海海峡成功了，成为世界上第一个连续游泳超过100公里的人。然而，在这成功的背后，却曾经隐藏着失败的危机，张健在游至中程时曾有过放弃的想法。前几年报道说，世界上著名的游泳健将弗洛伦丝·查德威克在第一次从卡得林那岛游向加利福尼亚海湾时，见前面大雾茫茫，便放弃了挑战，而此时距岸仅1海里。很显然，他并不是不具备能力，而是心理出了问题。

任何时候都应该信任独一无二的你。世界上没有两片完全相同的树叶，人也是这样，每个人都是上帝的宠儿，都是独一无二的，所以我们应该相信自己。

我们每个人在世界上都是不可替代的。从生理学上说，每个人都具有与众不同的特征，包含DNA、指纹等。从社会学上讲，每个人的社会关系也是与众不同的。所以，在这个社会上，每个人的存在都是有意义的，因此我们应该自信，只有自信才能自强，只有自强才能扮演好自己的角色，不管是主角还是配角。

自信的人，不会贬低自己，也不会把自己交给别人去评判。

自信的人，不会逃避现实，不做生活的弱者，他们会主动出击，迎接挑战，演绎精彩人生。

自信的人，不会跟自己过不去，只会鼓励自己。他们会既承担责任，又缓解压力，他们会在生活的道路上游刃有余，笑看输赢得失。

自信是一种心理状态，可以通过自我暗示培养起来。如果通过反复不断的确认，觉得自信会使自己得到想要的东西，然后传递到潜意识里面去，它就会带来成功，因为它的主要任务就是让你实现自己想得到的人生目标。积极的自我暗示，意味着自我激发，它是一种内在的火种，一种自我肯定。它可以使我们的心灵欢畅，建立自信，走向成功。

自我暗示的方法很多，每个人遇到的压力不同，自我暗示的方法也不会相同。具有"东方艾柯卡"之称的夏目志郎曾提出达到自我暗示的六个条件，如下所示：

1.经常输入伟人的事情。把自己推崇的伟人的资料输入自己的大脑，经常用他们的奋斗精神来激励自己。

2.相信语言的力量。经常用一些诸如"我能行""我一定能渡过难关"之类的话语来激励自己，增加自信。

3.了解重复的重要性。连续不断地重复某种想法，不但内心深处能相信其发生的可能性，也会让自己排除压力，充满自信。

4.保持强烈的欲望。若有很强的欲望，则会为了要实现的目标而付出行动，纵使有障碍物，也决不改变目标。

5.决定终点线。量化目标，让自己经常品尝成功的喜悦，能有效增强自信。

6.设定预想的困难。事先把困难考虑到，当障碍物真的横亘面前时，便不会气馁、灰心，即使受到挫折，因为心理上事先有准备，也不会轻易放弃。

怎样期待，就有怎样的人生

哈佛学子爱默生说："人的一生正如他自己所设想的那样，你怎样想象，怎样期待，就有怎样的人生。"

如果你想的是做最好的你，那么你就会在你内心的"荧光屏"上看到一个踌躇满志、不断进取的自我。同时，还会经常收听到"我做得很好，我以后还会做得更好"之类的信息，这样你注定会成为一个最好的你。

20世纪30年代，在英国一座普通的小城里，有一个叫玛格丽特的姑娘，从小就在父亲严格的管教下成长。父亲经常向她灌输这样的观点：无论做什么事情都要力争一流，永远走在别人前头，而不能落后于人。"即使是坐公共汽车，你也要永远坐在前排。"父亲从来不允许她说"我不能"或者"太难了"之类的话。

父亲这种近乎残酷的教育理念，培养出了玛格丽特积极向上的决心和信心。在以后的学习、生活或工作中，她时时牢记父亲的教导，总是抱着一往无前的精神和必胜的信念，尽自己最大的努力克服一切困难，做好每一件事情，事事必争一流，以自己的行动实践着"永远坐在前排"的誓言。

玛格丽特上大学时，学校要求学五年的拉丁文课程。她凭着自己顽强的毅力和拼搏精神，仅在一年之内便修完了五年的拉丁文课程。令人难以置信的是，她的考试成绩依然名列前茅。玛格丽特不光在学业上出类拔萃，她的体育、音乐、演讲也都成绩斐然。当年她所在学校的校长评价她说："她无疑是我们建校以来最优秀的学生，她总是雄心勃勃，每件事情都做得很出色。"

正是在这种"永远都要坐在前排"精神的激发下，四十多年以后，玛格丽特成为英国乃至整个欧洲政坛上一颗耀眼的明星。她连续四年当选保守党领袖，并于1979年成为英国第一位女首相，雄踞政坛长达十一年之久，被世界政坛誉为"铁娘子"。

这个故事告诉青少年做一个最好的自己，不一定非要当什么"家"，也不一定非要出什么"名"，更不要与别人比高低、比大小。就像人的手指，有大有小、有长有短，它们各有各的用场、各有各的美丽，你能说大拇指就比小拇指好？决定最好的你，既不是物质财富的多少，也不是你身份的贵贱，关键是看你是否拥有实现自己理想的强烈愿望，看你身上的潜力能否充分地发挥。人们熟知的一些英雄模范人物，就是在最平凡的岗位上，充分发挥人的创造机能，做好自己身边的每一件事，创造最好的自己。

"塑造一个最好的你"，这个目标每个青少年都可以实现。你只要意识到自己是大自然的一分子，是世界上独一无二的人物，坚信自己拥有"无限的能力"与"无限的可能性"，你就可以建立起自己理想的自我形象，体现自己人格行为应该具有的魅力，这样不仅自己满意，也会得到整个社会的赞许和接纳。

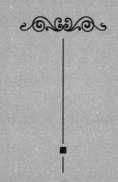

送给青少年的第 9 份礼物：以创新为理念

——收获最有新意的果实

生活中，我们处处会遇到难题，它是在提醒我们学会思索和创新，唯有这样，我们才能把握生活的转机。

创新并不只是某些行业的专利，也不是超常智慧的人才会具有创新的能力，而是每个人都有某种创新的能力。很多人都有一种惰性，不是没有创新精神，而是压根儿没有去想创新的事。一切都按固定的模式去做，结果做来做去，平平庸庸，没有丝毫的改变和进步。不要因为别人都这样做，我就要这样做；也不要因为过去是这样做，现在就得这样做，这样你就也可以创新。

创新，让智慧富有生机

法国著名哲学家狄德罗说："知道事物应该是什么样，说明你是聪明的人；知道事物实际是什么样，说明你是有经验的人；知道怎样使事物变得更好，说明你是有才能的人。"

创新思维是青少年掌握知识的载体，是正确地理解事物、牢固地掌握知识的一种积极的思维活动。在青少年成长的过程中，创新思维能力是影响他们人生发展的重要核心能力。如果有一种创新的思维方式，养成了这种思维的习惯，他就可以自己去发现问题，自己去学习解决问题。

18世纪化学界流行"燃素学"，这种认为物体能燃烧是由于物体内含有燃素的错误学说，严重束缚了人们的思想，许多科学家都积极去寻找燃素，没有一个人对此表示怀疑。瑞典化学家舍勒也是热衷于寻找燃素的人，他从硝酸盐、碳酸盐的实验中，得到了一种气体,实际上就是氧气。但他却以为自己找到了燃素,命名为"火气",并解释为火与热是火气与燃素结合的产物。舍勒如果不受"燃素说"的影响,当时就得到了氧气的发现权。英国人普利斯特在实验中也得到了氧气,可是也因为笃信"燃素说",而把氧气说成"脱燃素的空气",遭到了和舍勒同样的命运。

后来,普利斯特把加热氧化汞取得"脱燃素的空气"的实验告诉了拉瓦锡。拉瓦锡却未从众,他不受"燃素说"的束缚,大胆地怀疑,经过分析,终于取得了氧气的发现权,使化学理论进入了一个新的时期。

要善于思考,敢于否定前人,培养提出问题的能力。勇于提出问题,这是一种可贵的探索求知精神,也是创造的萌芽。创造的机制是由于知识的继承性,在每个人的头脑里都容易形成一个比较固定的概念世界,而当某些经验与这一概念世界发生冲突时,惊奇就开始产生,问题也开始出现。

一位老师说过:"考试的时候,你们把我讲的内容全部复述出来,最多也只能得'良',我要的是你们自己的思想。"这种学术上的包容不仅开拓了学生的思维,影响到他们的学生时代,而且对他们日后的工作思路和方法都是一个启迪、一份宝贵的思想财富。如果你想成功,一定要养成思考创新的习惯,因为它是成大事的催化剂。你要敢于思考，善于质疑，在学习前人优秀的东西的同时，要用创新思考的习惯，突破前人的束缚。

比尔·盖茨会成为世界巨富，最重要的一个因素就是他敢于创新，敢走别人从来都没走过的路。每年，比尔·盖茨都会跑到华盛顿的一个地方待上一段时间，在那里思考微软的下一步发展。这时候，任何一个微软的员工都可以向他提交一份关于新产品或新服务的书面建议，而比尔·盖茨也许诺他会看完所有的建议。如果他觉得哪个创意比较好，就会马上回到公司位于雷德曼的总部，围绕这个创意进行研发。正是这样的习惯，保证了微软始终处于全球软件行业的创新前沿。

在美国，父母见到孩子放学回家就会问："在学校向老师提了几个新问题？""今天有什么新想法？"在日本，他们相互见面时，总是一握拳头举过眉角说："加油干啊！"然后行色匆匆地各自去忙了。这些小小的问语正是反映出了他们那种创新思考的习惯。

敢于突破自己，走别人没有走过的路，就会走出一条崭新的走向成功的捷径。青少年要养成这种创新的思维习惯，就必须懂得不断地改变以往的思维模式，要敢于打破那种"想当然"的意识。到时，你就会发现，你能比别人看到更为绚烂的风景，更先人一步迈上成功的彼岸。

想成大事，就要培养创造力

"一个人是否具有创造力，是一流人才和三流人才的分水岭。"这句名言是哈佛大学第24任校长普西对开发学生创造力意义的理解。

如哈佛大学本科生教育学部的主任、考古学家波尔比姆所说："一所伟大的大学必须永远处于改革状态，任何时候都不能高枕无忧。"哈佛十分注重培养学生的创新能力，哈佛大学著名的华裔心理学教授高健在《企业家与创造力》一书中，就按人的思维习惯，将人脑分为左脑型、右脑型和全脑型。他认为左脑负责逻辑思维、数学分析，掌握语言技巧；右脑善于综合信息，注重直觉、灵感与整体思维。故左脑型擅长计划、组织，右脑型想象力丰富。

高健教授通过问卷法从同学的个性类型、思维方式、大学专业、职业兴趣、自我评价、业余爱好等来判断脑型。

脑型的差异是一种自然现象，但是脑型并非不能改变。实践证明，左脑型者向右脑型者靠近要比右脑型者向左脑型者靠近容易。左脑已有一技之长，运用右脑能丰富左脑已有的特长。因此左脑型靠近右脑型是一种"解放"。而右脑型靠近左脑型，掌握左脑型者的知识和技术，则非下一番苦功不可。创造是一种全脑型的活动，创造发端于兴趣。整个创造过程分准备、酝酿、顿悟、验证和应用五个阶段。在创造过程中左右脑密切配合，互相协作，左脑需要做大量艰巨的准备工作确定创造的课题和性质，然后右脑进入酝酿阶段，消化课题的每一方面，将信息作各种不同的整合。一旦酝酿成熟，创造者会豁然开朗，产生解决课题的灵感。在验证阶段，左脑对右脑顿悟而得的设想作严格的分析，最后把新设想付诸实践，解决实际问题。

学生了解了自己的脑型，这样再通过有意识的努力克服由于脑型偏差而带来的思维缺陷，从而把自己训练成为全脑型人才。

为了培养学生的创新精神和动手实践能力，哈佛大学在1983年前后就把单纯的课堂讲解转变为具体的亲身实践。

哈佛的经理学院内就有学生自营企业的活动。校内将针对学生的各项服务项目都承包给学生办，如学生旅行社，冰箱、电话应答机出租，洗衣服务，健身操学习班等。《哈佛经理学院年鉴》《学生住址录》《净现值》《新生介绍》等实用手册，均由学生负责编辑出版。每年二月份，有意经营上述服务项目的同学组成小组，拟定出详细的经营方案和收支预算，送交学校专设的学生企业特许权委员会。一种服务项目往往有几个小组争相经营，特许权委员会审查各组的营业计划，而后决定授予计划最佳的小组开业特许权。同学如果有新的主意可以随时向特许权委员会提出营业申请。营业利润归同学所有，洗衣服务处一学年的营利可达七千美元，《新生介绍》的编辑出版利润可高达两万到两万五千美元。这样，同学不但获得经营小企业的具体经验，而且有利可图。

"成大事的其中一个秘诀很简单，那就是培养自己的创造力，永远不向现实妥协。"记住哈佛给我们的经验，其实发现新事物不在难易，"关键在于谁先想到"。

打开想象力的闸门

艾德文·兰德，美国人，1909年出生，1926年入哈佛大学读书，美国著名发明家，曾因研制瞬时显像相机而闻名于世，所获得的专利达二百多项。他还是世界上最富有成果的著名企业家，曾任美国宝丽莱公司董事长、总裁和研究部主任。

谁也不会想到，一次拍照竟会使一个人得到拥有亿万财产的重要机会。1947年2月的一天，兰德给他的女儿照相，小姑娘不耐烦地问："爸爸，我什么时候才能看到照片？"兰德颇有耐心地解释说："不要着急，冲洗照片是需要一段时间的。"解释归解释，女儿的一句话却深深地触动了他。这时，他突然想到，照相术在基本上犯了一个错误——为什么我们要等上好几个小时，甚至好几天才能看到照片呢？如果能当场把照片冲洗出来，这将是照相技术上的一次革命。难题就在于如何在一两分钟之内，就在照相机里把底片冲出来，不仅能适应0℃~100℃的气温，而且用干燥的方法冲洗底片。

兰德必须掌握解决这些问题的方法，他以令人难以置信的速度开始了工作。经过半年时间的高效率研究，他终于发明了瞬时显像相机，并取名为"拍立得"。它能在60秒内洗出照片，所以又称"60秒相机"。

兰德自己无法解释自己所经历的发明过程。他相信人类和其他动物的基本区别，就在于人的创造力。

这次发明不但使宝丽莱公司的销售额十年里增长了40倍，并使该公司生产的软片销售量也大大增加。另外，兰德的滤光片、滤色镜、偏光片和看立体电影戴的眼镜的发明、生产、上市及其带来的高额利润都不能不说是兰德注重创新的结果。创新的结果使他的企业不断开辟出新的路子，事业自然是蒸蒸日上。1967年和1968年这两年，宝丽莱公司的股票达到高峰，仅兰德和家人拥有的股票价值就高达5亿美元。

艾德文·兰德经常对他的助理们说："我们应该担任这样的角色，能够创造出一种新的产品，一种人们根本就不会想到竟会产生的东西。"

当人们打听兰德有什么成功奥秘时，他只是笑笑："我相信人的创造力，它的潜力是无穷的，我们只要把它挖掘出来，就无事不成。"

生活中，很多人之所以失败，是因为他们总是因循守旧、按部就班。不克服它，你就难以成功。只有敢于创新、打破常规，你才能赢得更多成功的机会和砝码。只有通过创新，才能体会到人生的真正价值和幸福。美国前首席执行官詹姆斯·金姆塞曾说："勤于动脑，敢于创新的人，才能争取竞争的主动性。"所以人们要克服自己性格上因循守旧的弱点，用创新的思维突破常规的观念，这样才能超越自我，成就未来。

生活中，当我们面对难以解开的局面时，只要突破定式、打破常规，多一份感性的想象，多一些理性的假设，就会取得意想不到的成果。

创新并非超常智慧人的专利

　　打破常规，不按常理出牌，突破传统思维的束缚，哪怕是一个小小的创意，也会产生非凡的效果。日本东芝电气公司的一个小职员一个不太起眼的创意为我们提供了一个成功的实例。

　　日本东芝电气公司1952年前后曾一度积压了大量的电扇卖不出去，7万名职工为了打开销路，费尽心思想尽了办法，依然进展不大。

　　有一天，一个小职员向当时的董事长石板提出了改变电扇颜色的建议。在当时，全世界的电扇都是黑色的，东芝公司生产的电扇自然也不例外。这个小职员建议把黑色改成浅色。这一建议引起了石板董事长的重视。经过研究，公司采纳了这个建议。第二年夏天东芝公司推出了一批浅蓝色电扇，大受顾客欢迎，还在市场掀起了一阵抢购热潮，几个月的时间里就卖出了几十万台。从此以后，在日本以及全世界，电扇不再是一副统一的黑色面孔了。

此例具有很强的启发性。只是改变了一下颜色，大量积压滞销的电扇在几个月之内就销售了几十万台。没想到这一改变颜色的设想，竟获得了如此巨大的效益。

创造力是最珍贵的财富，如果一个人具有这种能力，就能把握生活的最佳时机，从而缔造出伟大的奇迹。

成功学导师拿破仑·希尔认为："创新并不只是某些行业的专利，也不是超常智慧的人才具有创新的能力。你也可以创新，你也可以成功。"

有一家生产、销售牙膏的公司，在业界和消费者中都有不错的口碑，但是销售量在达到一个数字之后就不再上升，于是总经理对全体员工下达了一个命令，每位员工必须提出一个建议，以保证公司的销售量能比现在翻一番。接到指示，大家提出了各自的方案，比如推出富有创意的广告、改变外观、奖励销售人员等。

就在大家积极行动并提出了自己的建议的时候，有一位女工怎么都想不出办法。吃晚饭的时候，她想往菜上撒调味粉，却由于受潮而撒不出来。她的儿子不自觉地将筷子捅进瓶口的窟窿里，把瓶口捅大，于是调味粉立即撒了下来。儿子对一旁的母亲说："如果你实在提不出建议，就把这个办法拿去试试看。"

"这算什么建议？"女工很不以为然，但她最后还是将"把牙膏管口开大一倍"这个建议报了上去。令人吃惊的事情发生了。女工提出的建议竟然被采纳了，销售额也的确比原先翻了一番。受宠若惊的女工想：提建议，本以为很难，原来这样简单的想法也叫建议。

一个简单的建议，它的效果可能是惊人的。创新并不是高不可攀的事，每个人都有某种创新的能力。而职场中的许多人都有一种惰性，不是没有创新精神，而是压根儿不去想创新的事。一切都按固定的模式去做，结果做来做去，平平庸庸，没有丝毫的改变和进步。

美国前总统罗斯福曾经说过："幸福不在于拥有金钱，而在于获得成就时的喜悦以及产生创造力的激情。"传统的思维禁锢了我们的创新思维，拖累了发展的脚步。山重水复疑无路时，请试着另辟蹊径，没准就柳暗花明了呢。当别人都习惯于纵向地将苹果切开时，如果没有那个横切一刀的人，我们又怎会发现苹果里面原来还藏着那么美丽的图画呢？

只要有想法，就要付诸行动

其实每个人每天都会产生一些奇特的想法，但是绝大多数的想法都永远只是想法，而一旦创意成为现实，贡献将是巨大的。不要认为所有的创意都非常复杂，有时一个简单的想法也能成就一番事业。

比佛是英国吉尼斯啤酒厂的总经理，他喜欢在假期约朋友一起打猎。他对自己的枪法十分满意，经常在朋友面前吹嘘，自己可以打到任何猎物。

有一次，他们发现一种鸟飞得特别快，朋友们就和比佛打赌，看他能否射中这种鸟。结果比佛连一只也没打中，朋友借此对他的枪法大加嘲弄。

比佛认为这不是他的枪法不好，而是这种鸟飞得实在太快了。但朋友们却不这样认为。激烈的争执之下，比佛开始认真了，他认定那种鸟是世界上飞行最快的鸟。

为了证明自己的说法是正确的，比佛在打猎回来之后，就找出了《百科知识》之类的书进行查阅，他想通过书上的记载让朋友心服口服。但比佛耗费了大量时间，也没有得到任何有价值的资料，没有一本书提及鸟儿飞行的速度问题。

比佛很失望，他没有找到证据证明自己的说法是正确的。

比佛灵感突发，他想，既然世界上没有一本书记载鸟儿飞行的速度，为什么自己不编一本这样的书呢？

他通过朋友介绍，聘请了两位孪生兄弟担任编辑。一年后，他们编出了第一本样书，比佛给它取名为《吉尼斯世界纪录大全》。

这本书一上市就受到读者的欢迎，自面世以来，平均每年再版一次，被译成了23种文字，发行量达到4000万册。

五十多年后，当年的吉尼斯啤酒厂已不知踪迹，但那本为了证明自己枪法好而诞生的《吉尼斯世界纪录大全》却依然存在，它创造的财富足以办起几十家吉尼斯啤酒厂。

仅仅是想证明自己的枪法，比佛想到了编一本《吉尼斯世界纪录》。或许许多人都曾想过要证明些什么，但是却没有产生这样的创意，也缺少这样的想法。

"如果你想成功的话，必须打开自己想象力的闸门。"哈佛告诉我们：生活中我们处处会遇到难题，它是在提醒我们学会思索和创新，唯有这样，我们才能把握生活的转机。

有一位年轻人，在一家石油公司里谋到一份工作，任务是检查石油罐盖是否已焊接好。这是公司里最简单枯燥的工作，凡是有出息的人都不愿意干这件事。这位年轻人也觉得天天看一个个铁盖太没有意思了。他找到主管，要求调换工作。可是主管说："不行，别的工作你干不好。"

年轻人只好回到焊接机旁，继续检查那些油罐盖上的焊接圈。既然好工作轮不到自己，那就先把这份枯燥无味的工作做好吧！

从此，年轻人静下心来，仔细观察焊接的全过程。他发现，焊接好一个石油罐盖，共用39滴焊接剂。

为什么一定要用39滴呢？少用一滴行不行？在这位年轻人以前，已经有许多人干过这份工作，从来没有人想过这个问题。这个年轻人不但想了，而且认真测算实验。结果发现，焊接好一个石油罐盖，只需38滴焊接剂就足够了。年轻人在最没有机会施展才华的岗位上，找到了用武之地。他非常兴奋，立刻为节省一滴焊接剂而开始努力工作。

原有的自动焊接机，是为每罐消耗39滴焊接剂专门设计的，用旧的焊接机，无法实现每罐减少一滴焊接剂的目标。年轻人决定另起炉灶，研制新的焊接机。经过无数次尝试，他终于研制成功了"38滴型"焊接机。使用这种新型焊接机，每焊接一个罐盖可节省一滴焊接剂。积少成多，一年下来，这位年轻人竟为公司节省开支5万美元。

一个每年能创造5万美元价值的人，谁还敢小瞧他呢？这位年轻人由此迈开了成功的第一步。

许多年后，他成了世界石油大王——洛克菲勒。

点滴能成就大海，一个小小的创意，一点一滴的积累，都是走向成功人生的基石。难怪有人问洛克菲勒成功的秘诀是什么时，他说："重视每一件小事。我是从一滴焊接剂做起的，对我来说，点滴就是大海。"

送给青少年的第 10 份礼物：以诚信为冠

——人生财富的隐形源泉

哈佛有句话："生命短促，只有美德能将它流传到遥远的后世。"诚实的品格来自一颗正直无私的心。诚实是一种能够打动心灵的品质，是人生的命脉，是一切价值的根源，失去诚信就等于丢掉尊严。正如西塞罗说："没有诚信，何来尊严？"

　　做不到的事情不能轻易答应。不然，你就要失信于人了。特别是"天天、永远"这样的词，千万不能轻易用，因为你基本做不到。记住，承诺和应诺一定要适度，要有余地，不要心血来潮胡乱答应。因为你肯定做不到，于是只能食言。食言多了，就拿诚信不当回事了，诚信的习惯就没有了。

信用为你积蓄看不见的财富

哈佛教授多洛雷斯·克里格说："信用会为你积蓄看不见的财富，时间越久，这笔财富就越加珍贵。而欺骗只会恶意透支你的财富，也许只一次，就会让你一无所有。"

信用是人格的一种体现，是人类社会平稳存在、人与人和平共处的基础，是人性中最珍贵的部分。信用与伪君子、空谈家都无缘。给人以信用，就是给人以许诺，那是不变的永恒。

霍尼韦尔公司的前任国际总裁兼CEO拉里·博西迪说："任命一位新的部门经理，我必须确定他是一个非常讲究诚信的人。这是一个绝对没有商量余地的前提，任何不具备这一前提的人都会被扫地出门。"

正是这种诚信的品质，使拉里·博西迪的领导地位步步高升——1991～1999年期间担任联信公司总裁，1999年2月该公司与霍尼韦尔国际合并后，他当选为霍尼韦尔公司总裁。2000年4月，他退休离开公司，2001年再次接受聘请，重新担任了公司的总裁。

也正是这种诚信为先的用人机制，让联信公司成了全球最受尊敬的公司之一；实现了霍尼韦尔公司连续多年在现金流和收益方面的较高增长，并取得了连续31个季度每股收益率超过13%的辉煌业绩。

诚信最基本的一点就是不欺骗他人、守信用。被称为"二战"时期"三巨头"之一的美国前总统罗斯福任海军部长助理时，有一天一位好友来访。

谈话间，朋友问及海军在加勒比海某岛建立基地的事。因这件事在当时尚属机密，罗斯福不便告诉他。

朋友不解地说："我只要你告诉我。"

罗斯福望了望四周，压低嗓子问朋友："你能对不便外传的事情保密吗？"

朋友急切地说："能。"

罗斯福微笑着说："好，我也能。"

"二战"结束了，盟军胜利了，美国成了战胜国，罗斯福成了世人敬仰的大英雄。但是，如果当时罗斯福的嘴不是特别严，如果美军的保密工作做得不是特别好，那将会给美军、盟军和整个反法西斯战争带来巨大损失。

发明了利尔喷气式飞机的比尔·利尔是一位拥有150多项注册专利的发明家，同时也是一位非常讲究诚信的企业领导者。他在20世纪50年代，就看到了小型私人喷气式飞机的市场潜力，1963年完成了处女航，1964年第一批喷气式飞机被生产出来交到了客户手中。

这种新机型备受客户欢迎，很快就售出了一大批。但是没过多久，利尔便得知有两架飞机因不明原因离奇坠毁了。这让利尔惶恐不安，因为当时市面上还有55架利尔客机在用户手中。利尔立刻通知所有的客户停飞，直到查出原因才能重新起飞。这件事在当时的媒体中掀起轩然大波。利尔也知道这样做对公司是非常不利的，但在他的思想中，诚信比什么都重要，而人的生命更比整个公司重要得多。

经过仔细的调查研究，利尔找到了一个可能导致飞机坠毁的直接原因，但是一切都必须经过实验才能确定。也就是说，必须让有问题的飞机重新试飞，让事故重演，才能确定这个问题是否就是肇事祸因。

这是一个非常冒险的实验，利尔决定亲自驾驶飞机试飞。整个过程非常惊心动魄，飞机差一点坠毁，幸好利尔凭着他高超的飞行技术平安降落。有问题的部件最终被确定了，利尔又重新改进了设计，在测试无误后，他把用户手中的55架客机全部改装测试，彻底解除危险后才允许客户飞行。

虽然这次事故让利尔的公司损失不轻，也让利尔客机公司的声誉一时跌到了谷底。但是，利尔从未后悔过自己停飞的决定。他坚信，一个领导者必须用诚信来自律，才能将一个企业领导好。所幸的是，两年之后，利尔公司又重新挽回了顾客的信心以及公司的命运，因为顾客们都相信，一个甘心冒着破产的危险，用诚信来自律的领导者，一定能给他们送去有保障的产品和服务。

诚信是你的一笔巨大的财富，拥有它，你就有机会拥有更大的财富，请你一定要珍惜。哈佛教授雷塔·莱维茨指出："信用是人格的一种体现，是人类社会平稳存在、人与人和平共处的基础，是人性中最珍贵的部分。"

诚实做人，不做谎言的奴隶

做人为什么要诚实？

首先，诚实才能取信于人。中国古代的思想家认为，诚实是信用的基础，信用出于诚，不诚则无信，这就是诚信。诚信不仅是社会中每个人所应遵从的最基本的道德规范，而且也是处理好人与人之间关系的准则。诚信待人才能感动他人，而说话不算数，处处欺骗别人，就算是在家门口也寸步难行。其次，诚实会使我们内心坦然，而说谎、虚假、欺瞒，则会使你的良心受折磨，让你的心境处在一种灰暗、忐忑不安、时刻紧张的状态中。这种自我折磨正是不诚实的必然结果。

美国作家马克·吐温究竟因何而死？长期以来人们不明原委。人们只知道，在一个寒冷的冬天，年迈的马克·吐温独自在大雪中站了三个小时，结果得了严重的肺炎，不幸去世。可是，他为什么要这样做呢？后来人们从马克·吐温留下的文字中，找到了答案。

原来，马克·吐温曾经有过一个男孩。一天，他的夫人外出，临走时再三叮嘱他照管好出世还不到四个月的婴儿。马克·吐温也连声答应。他把盛放孩子的摇篮推到走廊里，自己坐在一张摇椅上看书，以便就近照料。

当时正值冬天，室外气温低到零下19摄氏度。由于阅读入神，这位大作家忘掉了周围的一切，甚至连孩子的哭声也没有听到。当他放下书时，才突然想起孩子还睡在走廊里。他慌忙去看，发现摇篮中的孩子早将被子踢在一边，已经冻得奄奄一息了。当他的妻子回来后，马克·吐温怕妻子责怪，没敢说出真相。他的妻子只当孩子受了风寒。

后来，这孩子死了。夫妇俩为此悲痛欲绝。马克·吐温深感自己没有尽到做父亲的责任，内疚万分。但他一直没有说出真情，怕妻子受到更大打击。他一直隐瞒着事实，直到妻子去世之后，他才在自传中陈述了这件使他抱憾终生的往事，并且以在大雪中受冻来惩罚自己的愚蠢过错。马克·吐温没敢对妻子讲真话，固然有可以理解的原因，但隐瞒事实给他带来的痛苦是显而易见的。

马克·吐温不愧是个诚实的人，在妻子去世后，便勇敢地公开了事实，他不求人们的宽恕，也不躲避这样做可能带来的谴责或指控，他唯一要求的是良心的安宁。

古波斯诗人萨迪说："讲假话犹如用刀伤人，尽管伤口可以治愈，但伤疤却永远不会消失。"他还说，"宁可因为真话负罪，不可靠假话开脱。"萨迪的话说得很耐人寻味。说谎或说假话，常被一些人奉为"聪明"的处世之道。他们为了掩饰自己的过错或推脱责任而说谎，或者为了谋取个人利益而骗人。他们自以为得计，或暂时得逞，但假的就是假的，谎言早晚有被揭穿的一天，那时他们将因自己的不老实而失去他人的信任。

谎言在被骗者心头留下的伤疤是很难消失的。我们都知道那个说"狼来了"假话的放羊孩子的故事，他可以一次再次地骗人，但当狼真的来了时，就没有人再相信他了，他只能眼睁睁地看着羊被狼叼走。

说谎或说假话，其实是一桩很累人的事。一位哲人说得好："一旦撒了一次谎，就需要有很好的记忆全力把它记住。"累不累？撒了谎，就要设法"圆谎"，而谎话总是漏洞百出的。

为了圆一个小谎，就要说一个更大的谎。谎言就是这样把撒谎者一步步逼上了不归之路。其实很多骗子就是这样从小骗变为大骗、巨骗的，最终落得个触犯法律、身败名裂的下场。

著名的宗教改革者马丁·路德一针见血地说："谎言就像雪团，它会越滚越大。"而这无法控制的雪团只会毁掉说谎者。诚实的人也许会因为不会说谎，不会耍奸而吃亏，但是吃亏失去的往往是物质的、暂时的利益，而诚实换来的却是人们的信任、敬佩，是个人意志的锻炼和道德水平的提高以及人性的完善。

不要忽视每一个承诺

说话算数是一个承诺，是一种诚信，但是做到说话算数并不很容易。也许正是因此，古人才对说话算数大加赞赏。我们耳熟能详并经常应用的"一诺千金""一言九鼎""君子一言，驷马难追""言必信，行必果"都是训诫人们的警句。说话算数之所以不容易，是因为生活是复杂的，心理也是复杂的，还要面对各种主观和客观因素的影响。历史上有名的《曾子杀猪》的故事，向我们诠释了说话算话的内涵。

曾子，又名曾参，春秋时期鲁国人，是孔子的学生。曾子深受孔子的教导，不但学问高，而且为人非常诚实，从不欺骗别人，甚至对于自己的孩子也是说到做到。

有一天，曾子的妻子要去赶集，孩子哭着叫着要和母亲一块儿去。于是母亲骗他说："乖孩子，待在家里等娘，娘赶集回来给你杀猪吃。"孩子信以为真，一边欢天喜地地跑回家，一边喊着："有肉吃了，有肉吃了。"

孩子一整天都待在家里等妈妈回来，村子里的小伙伴来找他玩，他都没去。他靠在墙根下一边晒太阳一边想象着猪肉的味道，心里甭提有多高兴了。

傍晚，孩子远远地看见妈妈回来了，他一边三步并作两步地跑上前去迎接，一边喊着："娘，娘，快杀猪，快杀猪吆，我都快要馋死了。"

曾子的妻子说："孩子，你知道吗？一头猪的价钱要顶咱们家两三个月的口粮呢，怎么能随随便便地就把它杀了呢？"

孩子一听，"哇"的一声哭了起来。

曾子闻声赶来，知道了事情的真相后，他二话没说，转身就回到屋子里。过一会儿，他手里提着菜刀走了出来。妻子吓坏了。因为曾子一向对孩子非常严厉，她以为曾子要教训孩子，连忙把孩子搂在怀里。哪知曾子却径直朝猪圈奔去。

妻子不解地问："你举着菜刀跑到猪圈里干啥？"

曾子毫不思索地说："杀猪。"

妻子一听，扑哧一声笑出声来："不过年不过节的，你杀的哪门子猪呢？"

曾子严肃地说："你不是答应过孩子要杀猪给他吃肉吗？既然答应了就应该做到。"

妻子说："我只不过是骗骗孩子，和小孩子说话何必当真呢？"

曾子说："对孩子就更应该说到做到了，不然，这不是明摆着让孩子跟家长学着撒谎吗？大人说话都不算数，那以后还怎么教育孩子呢？"

妻子听后惭愧地低下了头，夫妻俩真的把猪给杀了。孩子吃上了猪肉，而且还宴请了乡亲们，并告诉乡亲们教育孩子要以身作则，说话算话。

曾子的做法，虽然遭到一些人的嘲笑，但是他却教育出了诚实守信的孩子。曾子杀猪的故事也一直流传至今，他的人品一直为后代人所尊敬。

青少年要学会诚实做人，就要懂得承诺的重要性。无论对大事还是小事，你的承诺一经做出，就应该兑现。一个人的信用是靠始终一贯的诚实守信的行为建立起来的，所以我们不能轻视自己的每一个承诺。

信任是成功的保证

人们厌恶虚伪和欺骗，呼唤和向往人与人之间的真诚与信任。一个良好的社会环境取决于相互信任，而不是相互猜疑。我们现在拥有的良好的社会秩序，常会因为我们在大部分时间里彼此不信任而变得混乱不堪。如果我们言而无信，就是违背了常规。

我们做事也常有不认真或不可靠的时候，这些都被视为背信弃义的行为。假如某个人或某个组织辜负了我们的信任之心，就会遭唾弃，失去信誉。仔细观察我们周围的人和事，并且把人们对他人的信任程度与他们在生活中的成功大小相比较，真是件趣事。从长远的意义上说，老实人，涉世不深的人，那些认为别人都像自己一样诚实的人，比疑心重重的人生活得更加美满、更加充实。即使他们偶尔受骗，也同样比那些谁也不信的人幸福。

怀特曼8岁的时候，有一次去看马戏，见那些在空中飞来飞去的人抓住对方送过来的秋千，百无一失，怀特曼佩服极了。

"他们不害怕吗？"怀特曼问母亲。前面有一个人转过头来，轻轻地说："宝宝，他们不害怕，他们晓得对方靠得住。"有人低声告诉怀特曼："他从前是走钢索的。"

怀特曼每逢想到信任别人这件事，就回想到那些在空中飞的人。生死间不容迟疑，彼此都必须顾到对方的安全。他们虽然勇敢，并且训练有素，要是没有信任别人的心，绝对演不出那么惊人的节目。如果和信任我们的人相处，我们会放心自在。

心理学家欧弗斯说："我们不但可以保护别人，而且在许多方面也影响别人。"信任或防范，能铸就别人的性格。

青少年要想和朋友、老师、家长有一个好的沟通，就需要增进彼此的信任。

首先，必须有自信。美国诗人弗罗斯特说："我最害怕的，莫过于吓破胆子的人。"事实上，自觉不如人和能力不够的人，是不能信任别人的。不过，自信并不是以为自己毫无缺点。我们必须相信自己的地方也就是必须相信别人的地方，即相信自己切实在尽自己的能力和本分做事，不管有没有什么成就。

其次，信任必须脚踏实地。有人痛心地说："信任别人很危险，你可能受人愚弄。"天下总有骗子，这句话是有道理的。信任不可建立在幻觉上，不懂事的人不会一下子就变成懂事，你明明知道某人喜欢饶舌，就不应该把秘密告诉他。世界并不是一个毫无危险的运动场，场上的人也不是个个心怀善意，我们应该面对这个事实。真正的信任，并不是天真地轻信。

怎样培养诚信的性格

一个人不仅要对他人讲诚信，对自己也要讲诚信。承诺别人的，要信守；承诺自己的，也要信守。真实地面对自己，真实地面对别人，真实地面对社会，不屈从于自己的内心欲望，不屈从于自己内心的恐惧，不掩饰自己的错误，这是不容易的。

在某著名学府流传着这样一则有趣的故事：

一位教公共英语的外国人，上课特别认真，为了教好中国学生，还特地和几个同事合编了一本配合教材的参考书。学期期末考试的时候，中国老师都要按照习惯画画重点，但这位外国老师却没有画重点，而是打开他们编的参考书的最后一课，选了一篇《关于诚实》的文章。文章中有一段令人终生难忘的话："听说作弊在中国是一种普遍现象，很多学生都作弊，可我不相信！因为，一个作弊的民族怎么可能进步和强大！而中国正一天天地进步，一天天地强大。"

课文的最后还说："即使你真的作弊了，我们也不会戳穿你，我们还会装作没有看见，眼睛故意向别处看，因为生活本身对作弊者的惩罚要严厉得多！孩子，你的信誉价值连城，你怎么舍得为一点点考分就把它出卖了呢？"

诚实、守信是无价的！没有了诚信，人们就再也不会相信你，没有了诚信，社会将会抛弃你！信守诚信是走向成功的必备条件！青少年要想赢得他人的信任，一般要做到以下几点：

1.注意小节

许多人不注意在小事上守信用，比如借东西不还，与人约会却迟到甚至失约，答应替人办某事却迟迟不见动静……这样的小事多了，别人怎么看你且不说，你自己也会养成不守信用的习惯，以后遇到大事就会失信于人，给自己事业的发展埋下隐患。

2.不要轻易许诺

真做不到，就真诚地说"不"，这才是诚信的态度。什么事都拍胸脯，或碍于情面而答应别人，不但给自己增加不必要的负担，而且办不到的结果还会使自己失信于人。当然，这不是说我们不要帮助别人，而是说在做出承诺之前要量力而行。

3.注意自我修养

与人交易时必须诚实无欺——这是获得他人信任的最重要条件。要善于自我克制，做事必须诚恳认真，建立起良好的信誉；随时设法纠正自己的缺点；行动要踏实可靠，做到言出必行。

在台湾黄淑贞的文章《债箱》里有一个有关信用的动人故事：

一位母亲保存着一只箱子，箱子里满是借据。这箱子已保存三十年了。借据的主人有男有女，当初签下姓名，如今大都杳无踪迹。母亲说："留下这些，并不是期待这些人会来还钱，而是重在信义。每一张纸都代表当事人当初的一个难关，既然有能力帮他，表示我们当时比他好过；他至今不还，可能生活还很差；若真是恶意欺骗，我们也不会因此少块肉。这些人不是来偷、来抢，而是拿信用来换。人一生的情债还不清，只有钱债，虽易忘，却也易还。"

后来，一位老人拿了两千元来还。母亲便拿出泛黄的借据，给了那位老人。母亲说："这位老人二十年前来借钱，当场写下借条，说隔两天就还，这一隔，就是二十年，他也分文不差还清了。"作者感叹：老人在他发苍之年仍记得这事，那位母亲也将他亲手写下的信用原封不动地交还了。

这就是诚信的力量，我们是否能像那位老人那样，把诚信永放心上？

　　一个"信"字，从人而言，表示人言可靠，是做人的立身之本。一个守信用的人，体现了一种道德力量和意志力量。在市场经济条件下，信用也是我们必须遵守的公共准则。当我们在合同、借据、发票上……签下我们的名字时，我们就是在以自己的人格做出保证。若非不可抗拒之因，我们一定要践约；若有违反，甘受法律制裁。当然，还有一种制裁，那就是有愧于良心。